手を眺めると、生命の不思議が見えてくる

奇跡にもほどがある人体のミステリー

稲垣栄洋

目次

第1話 夏の夜のできごと —— 5
第2話 尊く美しい分身たち —— 20
第3話 死に体の運び屋 —— 28
第4話 爪の悲しい細胞 —— 37
第5話 不老不死以上 —— 46
第6話 昔の私はどこにいる？ —— 60
第7話 指と指の間にあるもの —— 65
第8話 個性があることの意味 —— 72
第9話 イヌの指は何本？ —— 81
第10話 謎に満ちた「目」 —— 95

第11話 つかむための進化 105
第12話 指毛と戦いの歴史 120
第13話 手に汗にぎる 131
第14話 私と世界との間 140
第15話 あなたという名の生態系 150
第16話 コップをつかむ不思議 155
第17話 名前のない指 162
第18話 一兆分の一の紋様 169
第19話 ナンバー1になる確率 176
第20話 じっと手を見る 192

装丁・デザイン　中島三徳
イラスト　田中靖夫
校正　ケイズオフィス

第1話

夏の夜のできごと

何とも言えずけだるい、夏の夜のことである。
気がつくと、手の甲に蚊に刺された痕がある。
いつの間に、刺されたのだろう。
いや、刺されたではなく、「蚊に食われた」痕と言うのだろうか。
それとも、「蚊にかまれた」だろうか。

どの言い方が正しいのかわからないが、とにかくかゆい。
気になり始めると、かゆさが我慢できない。

かゆいので、親指の爪で押さえてみると、マイナスのネジの頭のようになった。
今度は縦に親指で押さえてみると、プラスのネジの頭のようになった。

縦と横にもう一本ずつ爪で痕をつけると、井戸の「井」という字になった。

それでもかゆいので、親指の爪で横に刻んで、縦に刻んで、細かな格子模様を
作ってみた。

それでもかゆみは、治まらない。

蚊というのは、ずいぶんと憎らしい存在だ。
知らない間に血を吸って、かゆみだけを残していく。

蚊の口は、注射針よりもずっと細い。しかも、先端はのこぎりの歯のようになっていて高速に動き、肌を切り裂いていく。そのため、痛みを感じにくいのである。しかも蚊の唾液の中には、麻酔成分が含まれていて、万が一にも痛みを感じないようになっているのだ。

血管が破れれば、血液中にある血小板が集まって血液を凝固させる。こうして、人間の体は出血を防ごうとするのである。

しかし、血液が固まると、蚊は血を吸うことができない。

そのため、蚊の唾液の中には、血液の凝固を防ぐ物質が含まれているという。そして、蚊は悠々と血を吸い続けるのだ。

やがて蚊の唾液に含まれていた麻酔成分の効果が切れると、人間の体はアレルギー反応を起こし、蚊に血を吸われた痕は、赤くはれあがる。そして、かゆみを感じさせるのである。

まったく迷惑な存在である。

それにしても、どうして蚊は人間の血など吸うのだろう?

じつは蚊は、ふだんは草の汁や花の蜜などを吸って暮らしているという。まったく害のない、じつに平和な昆虫なのだ。

ところが、あるときメスの蚊が、吸血鬼へと豹変する。

メスの蚊は卵を作るための栄養源として、たんぱく質を必要とする。しかし、植物の汁や花の蜜だけでは十分なたんぱく質を得ることができない。そのため、たんぱく質を得るために、動物や人間の血を吸わなければならないのである。

憎たらしい吸血鬼も、その正体は、わが子のために命を掛ける一途な母親の姿だったのである。

一方、オスの蚊は卵を産まないので、人間や動物の血を吸う必要はない。

そう考えてみれば、蚊の母親というのは、たいへんである。
交尾を終えたメスの蚊は、卵を産むために血を吸わなければならないのだ。

私は蚊の母親に思いを馳せてみた。

蚊というのは、本当にやっかいな害虫である。
何しろ、わずかに水がたまっていれば、そこに卵を産んで増えてしまう。

彼女もまたそうしたボウフラだったことだろう。
蚊の一生のうち、幼虫であるボウフラで過ごす期間はわずか一週間。そのため、わずかなくぼみに雨水がたまっていれば、そこは蚊の発生場所になる。水をまいたバケツのすみや捨てられた空き缶にでも水がたまっていれば、蚊には十分なのである。

しかし、ボウフラの立場に立ってみれば、どうだろう。

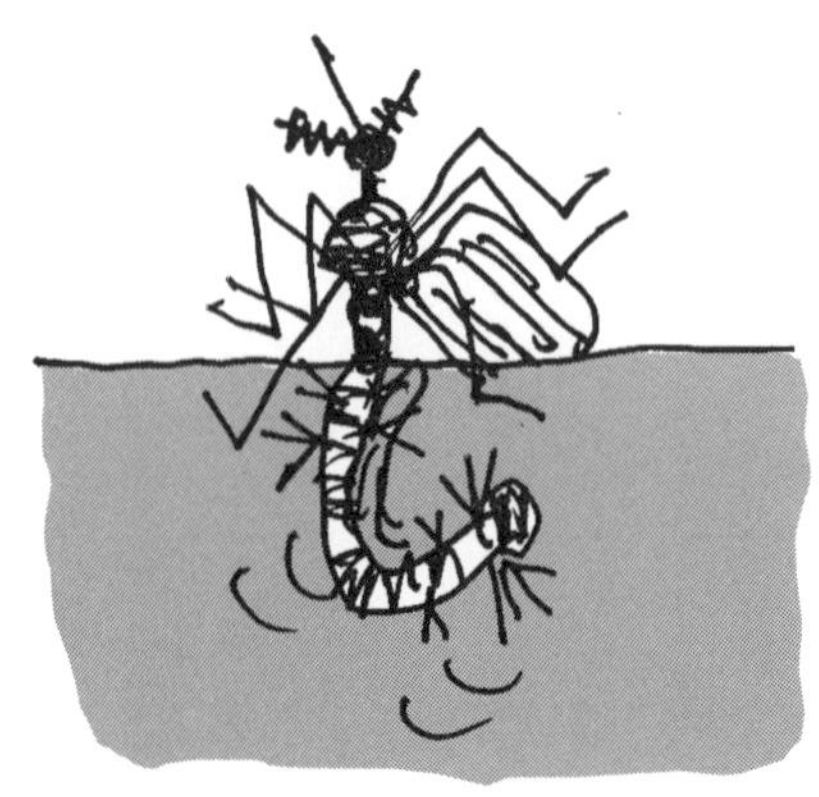

そこは、わずかな水たまりである。

夏の日差しに水が干上がってしまえば、生きていくことはできない。

誰かに蹴飛ばされて、バケツのすみにわずかにたまった水がこぼれてしまえば、彼らはもう死ぬしかない。

いかにも危なっかしい綱渡りのような生活である。

人間にとって一週間は、短い期間であるが、ボウフラたちにとっては、一日一日がとてつもなく長く感じられるかもしれない。

そして、一週間という期間を無事に生き延びたものだけが、羽化して成虫の蚊となることができるのだ。

しかし、待ちわびた成虫になるときがやってきたとしても、最後の難関が待っている。

成虫になる前には、彼らはオニボウフラと呼ばれるさなぎの状態になって水の上に浮いている。そのさなぎから、羽化をして飛び立たなければならないのだ。

水には水面張力と呼ばれる力がある。

水滴を落とすと水玉になるのは、水面張力によって水が引っ張り合っているためだ。コップに満杯に水を注ぐと、盛り上がるのも水面張力によるものである。お風呂で水面に手のひらを置いてみると、ペタペタとくっついた感じがする。これも水面張力である。

人間にとってはペタペタとくっつく感じにしか思えなくても、小さな蚊にとってはたいへんである。もし、水に触れれば水面張力で飛び立つことができなくなってしまう。
人間にとっては小さな水玉であっても、蚊にとっては巨大な粘着ボールだ。あんなものにやられてはひとたまりもない。
もちろん、彼らは慎重に慎重に羽化をするが、もし、風が吹いたり、何かがぶつかったりして、振動で水面が揺れれば、水面張力が小さな彼らを襲う。そして、水面張力で水面に捉えられたまま、飛び立つことができなくなってしまうのだ。
子どもから大人になる……生物にとっては当たり前のことが、蚊にとっては命がけの作業なのである。

こうして成虫となった蚊は、草の汁や花の蜜を吸って暮らしている。

家の外では、無数のオスの蚊が集まって飛びながら、蚊柱を作っている。オスの蚊たちは集団で羽音を立てて、メスの蚊を呼び寄せる。この音に導かれるように、メスの蚊は蚊柱の中に入っていくのだ。そして、メスの蚊は、蚊柱の中から共に子孫を残すパートナーを選ぶのである。

思えば、このランデブーが、彼女にとって唯一の至福のときなのかもしれない。パートナーのオスの蚊との交尾を終えたメスには、危険なミッションが待っている。

お腹に宿した卵のために、栄養が必要なのだ。

その栄養が人間の血である。

彼女に課せられたミッションは過酷である。

しかし、彼女は、躊躇することなく、そのミッションに立ち向かう。

彼女のお腹の中には守るべきものがある。だからこそ、彼女は恐れることなく、立ち向かうことができるのだ。

「卵のために人間の血を吸う」

このミッションのために、彼女は人間の家に侵入しなければならない。

しかし、それは簡単なことではない。

窓を開け放していて、すき間だらけだった昔の家屋と違って、現代の家は気密性に優れている。小さな蚊が侵入するすき間さえないのだ。

彼女は、網戸のわずかなすき間を見つけたのだろうか。それとも、人間に気づかれないように、そっと人間の衣服について入り込んだのだろうか。

まさにアクション映画顔負けのスリルである。

それにしても、人間というのは手強い存在だ。

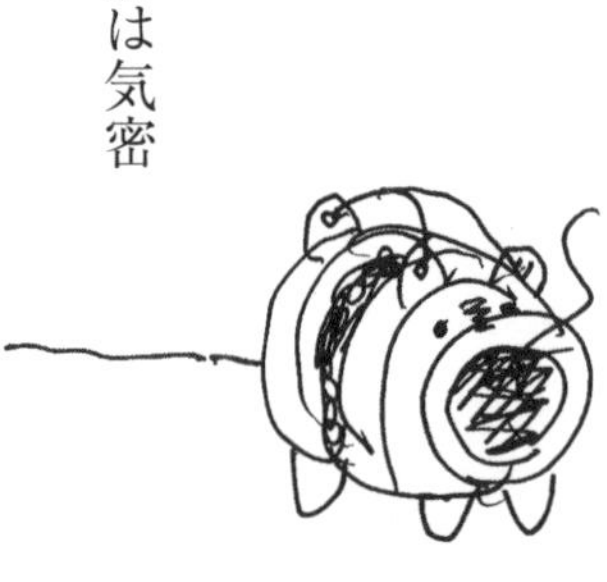

やっと家の中に侵入したと思っても、蚊取り線香や虫除けの香りが彼女を襲う。家の中に侵入して命を落とした仲間も多い。

しかし、本当に危険なのは、ここからである。

何しろ、人間に気づかれないように、人間の肌から血を吸い取らなければならないのだ。

もちろん、気づかれたら、一巻の終わりだ。

冷房が効いて涼しい部屋にいることもあるのだろう。夏だというのに、人間は長袖長ズボンを着込んでいて、肌の露出がない。危険だが、手の甲を狙うしかない。

手に止まれば人間に気づかれるリスクが高い。しかし、もう後戻りはできない。チャンスはここしかないのだ。

決死の覚悟で彼女は手の甲に着陸する。

眠っているのか、テレビに集中しているのか、運良く気づかれなかったようだ。

できるだけすばやく作業をしなければならない。

しかし、人間の肌から血を抜き取る作業は困難を極める。

蚊の口は一本の針のようになっていると思われているが、実際には、六本の針が仕込まれた構造になっている。

最初に使うのは、六本のうちの二本の針である。この針の先端にはのこぎりのようなギザギザした刃がついている。昔、忍者が建物に侵入するときに使った「しころ」という小さなのこぎりがあったというが、ちょうど、そんなような感じだろうか。

彼女は、この二本の針についた刃をメスのように使って人間の肌を切り裂いていく。もちろん、気づかれないように、である。

別の二本の針は、肌が開いた状態で固定させるためのものである。人間の手術では、開口部を「開創器」という器具で固定するが、ちょうど、そんな感じだ。

そして、開かれた口に残りの二本の針を射し込んでいく。


このうち一本は血を吸うためのものだが、一本は唾液を血管の中に注入するためのものだ。この唾液の中には、麻酔成分が含まれていて、肌を切り開かれた痛みが感じにくくなる。さらに、麻酔成分には血液の凝固を防ぐ役割もある。もし、この唾液を注入していなければ、血液は蚊の体の中で固まってしまうから、とても大切な作業だ。これがうまくいかなければ、蚊は血を吸ったまま死んでしまうことになる。


血を抜き取る作業は、どんなに急いでも二〜三分はかかる。

もちろん、気づかれたら彼女の命はない。

彼女にとっては、とてつもなく長い時間に感じられることだろう。わずかな気配でも見せれば、人間は容赦なく平手打ちをしてくる。

何とか血を吸い終わっても、それからがたいへんである。
家の外へと脱出しなければならないのだ。

もしかすると、家に侵入するときには、偶然に網戸のすき間を見つけたかもしれない。しかし、気密性の高い現代の家では、脱出できる出口は簡単には見つからない。幸運は重なるものではないのだ。

しかも蚊の体重は二〜三ミリグラムだが、血を吸った後は、五〜七ミリグラムにもなる。重い血液を抱えてふらふらと飛び回っていれば、それこそ人間の餌食だ。
何という過酷なミッションなのだろう。まさに、命がけである。

しかし彼女は、何の恐れを抱くこともなく、過酷なミッションに立ち向かう。
それは、彼女が母親だから、なのだ。

そして、彼女は首尾良く血を吸い終わり、私の手の甲は、赤くはれているのだ。

私は窓の外を見た。

彼女は無事に家の外に脱出することができただろうか。
彼女は無事にお腹に宿した卵を産むことができただろうか。

窓の外で猫が鳴いたような気がした。
こんな場所に、野良猫だろうか。

どういうわけだろう。猫の声に促されるように、私は自分の手を見てみた。
爪で刻んだ蚊に刺された痕は、もうすっかりなくなっている。
心なしか、かゆみも治まってきたような気がした。

どういうわけかはわからないが、それからというもの、何だか自分の手が、妙に気になるようになってしまった。
自分の手を見ていると、何となく不思議な心持ちになるのだ。

第2話

尊く美しい分身たち

蚊に食われたところを掻きすぎてかさぶたができてしまった。

そのかさぶたが、こそばゆいので、無意識のうちに掻きむしっていると、また血が出てきてしまった。

それにしても……

そもそも、かさぶたとは何なのだろう。

かさぶたは、血が固まってできるような気がするが、実際はどうなのだろう。

人間の生命活動にとって、血液は極めて重要な存在である。

血液は体のすみずみの細胞まで、酸素を送り届けている。この血液が届かなくなると、体の中の細胞は生命活動を行うことができなくなってしまうのだ。

人間の体の血液の三割が失われると、人間は死んでしまうという。

血液が失われるというのは、人間の体にとっては一大事なのだ。


蚊に食われた痕を掻きむしっただけとはいえ、血管が破れて血液が外に漏れ出すことは、体にとっては大ごとである。にじみ出る血はわずかであっても、この出血を止めなければ、血液がどんどん失われていってしまう。


水道管やガス管が破裂したときには、元栓を止めて供給を遮断する。

しかし、血液は違う。出血したからといって、心臓を止めて、血の流れを遮断してしまえば、酸素が供給されない細胞は死んでしまう。

そのため、血液を流しながら、傷口を封じ、出血を止めなければならないのだ。

このときに活躍するのが、血小板である。

血小板は、血液の中に存在する小さな粒のような存在だ。ふだんは円盤状の形をしているが、肌が破壊されて、肌の細胞を構成していたコラーゲンが露出したことを捉えると、傷口に集まり、活性化して足を伸ばす。そして、血小板どうしが絡み合う。血小板は次から次へと集まって、徐々に傷口を塞いでいく。そして、ついには出血を止めるのである。

血小板は、まさに自らがバリケードとなって、私たちの命を救うのだ。


傷口は、勝手に塞がるのではない。

血液は、勝手に固まるのではない。

血小板の働きによって、私たちの体は守られているのだ。

私は、こうして苦労して作られたかさぶたを、不用意にも剥いてしまったのだ。

私たちの体のまわりには、多種多様な菌類が、侵入のチャンスをうかがっている。開いた傷口からは、病原菌が侵入してくる。

そのときに活躍するのが、白血球だ。

白血球は外部から侵入した異物を食べて分解する。そして、病原菌を退治した白血球は、自らも死んでしまうのだ。熾烈(しれつ)な防衛戦を終えた戦場には、たくさんの白血球の死体が残される。この死体が体の外側に片付けられたものが、「膿」である。膿は、名誉ある死を遂げた戦死者だったのである。


血小板や白血球は、まさに自らの命と引き換えにして、私たちの体を守ってくれている。

心強い戦士である血小板や白血球は、自らの強い意志を持って戦っているのだろうか。


血小板や白血球は、骨髄で生み出される細胞の一種である。

血小板は遺伝情報の入った核を持たない。血小板に与えられているのはコラーゲンを感知して、集合するという単純な使命である。そのため、核を必要としないのである。

一方、白血球は核を持つ細胞である。白血球は敵を識別して、攻撃するという複雑な任務を任されている。そのため核を持ち、自らが単細胞生物の一つであるかのように敵を見つけては、それを食べるのである。

こうした血小板や白血球の働きによって、体は健康に保たれているのだ。

私たちの体は何十兆個もの細胞が集まってできている。

しかし、元をたどれば私たちもたった一個の細胞だった。

母親の胎内で命を授かったとき、私たちは受精卵というたった一個の細胞だったのだ。

その細胞が分裂を繰り返し、数を増やしながら私たちの体を作り上げていった。

ある細胞は私たちの手となり、私たちの指となった。

あるものは腹となり、あるものは足となった。

そして、あるものは脳細胞となり、あるものは心臓となり、あるものは内臓となった。

　こうして私たちの体は作られてきたのだ。

　たくさんの細胞が集まって、それぞれの細胞がそれぞれの役割を担いながら助け合って生きる。それが、多細胞生物である。

　私たち人間は多細胞生物である。

　何十兆個もの細胞が助け合って、「私」という生命活動を行っている。

　その中には悲しい細胞もある。

　血小板は、自らは核を持たずに、自ら捨て石となって傷口を防ぐことを宿命づけられた。

　白血球は、戦うことを宿命づけられた細胞である。まるで巣穴の入り口を守る兵隊アリのように、自らの命が果てるまで、病原菌と戦う。

　血小板や白血球も、けっして物質ではない。

生まれて、死ぬ、存在だ。

彼らは、細胞分裂によって生み出された、言わば私たちの分身なのだ。

そんなたくさんの細胞の働きによって、私たちは生きている。

私という存在は、そういう存在なのだ。

たとえ、私がどんなに生きる希望を失っても、血小板は傷口を塞ぐことをやめようとはしない。

たとえ、私が死にたいと思っても、白血球は私の体を守るために戦い続けるだろう。

私たちが「生きている」ということは、そういうことなのだ。

私を守るかさぶたの何と尊く美しいことだろう。

私はじっと手を見た……
窓の外で猫が鳴いたような気がした。

第3話

死に体の運び屋

ぼくらはみんな　生きている
生きているから　歌うんだ
ぼくらはみんな　生きている
生きているから　かなしいんだ

童謡「手のひらを太陽に」（やなせたかし作詞・いずみたく作曲）は、こんな歌い出しで始まる。

歌詞の続きはこうだ。

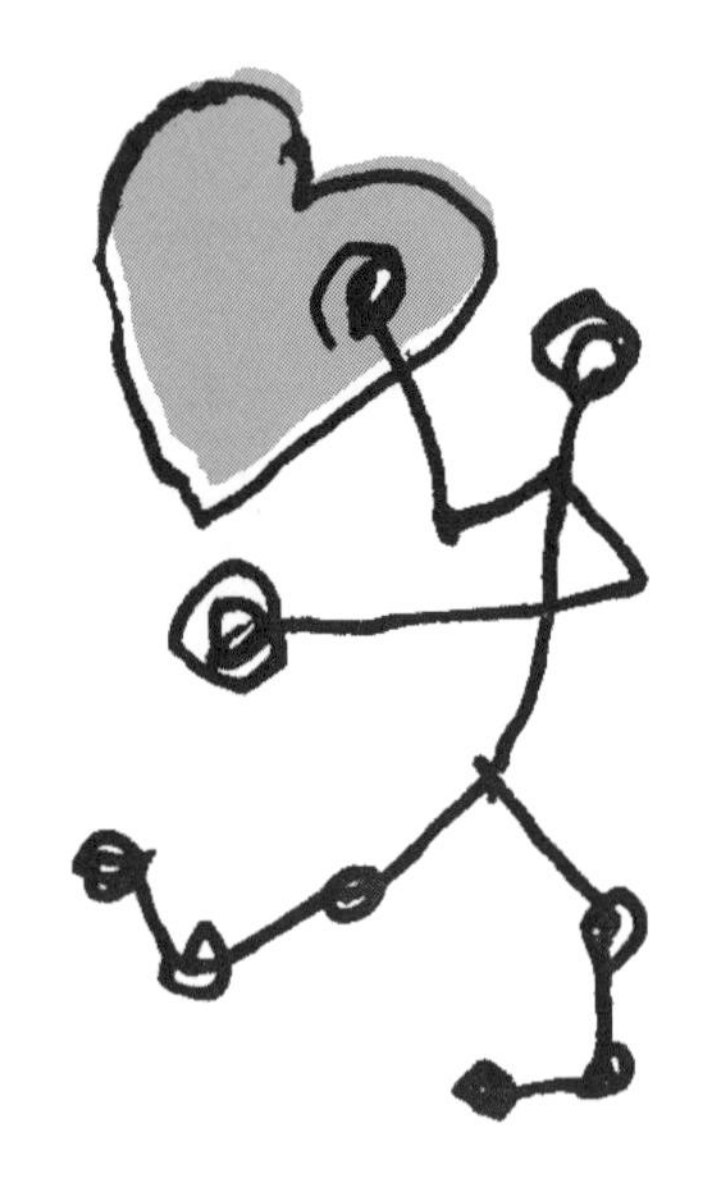

手のひらを太陽に　すかしてみれば
まっかに流れる　ぼくの血潮(ちしお)

本当に、血潮など見えるのだろうか?

手のひらを太陽に透かしてみた。

条件によるのかもしれないが、太陽の影になってしまって、なかなか血潮は見られない。

「手のひらを太陽に」の作詞は、アンパンマンの作者として有名なやなせたかし氏である。

やなせ氏は、漫画家として仕事のなかったとき、懐中電灯で手のひらを透かすと赤い血が見えて驚いたことからこの詩を書いたらしい。「心は元気がなくても、血は元気なんだなと、自分自身に励まされたように感じた」とやなせ氏は、著書の中で紹介している。

確かに懐中電灯で手を照らすと、血が流れている血管が透けて見える。
太陽の光でも、条件が良ければ、血潮が見えるのだろう。

やなせ氏が言うように、私たちがどんなに元気がなくても、血は流れ続ける。
たとえ、私たちが生きる希望を失ったとしても、血液は流れることをやめないのだ。

私たちが血を目にするのは、すりむいてケガをしたときである。
しかし、この赤い血は、常に私たちの体の中を流れている。

血液は体重の八パーセントを占めると言われている。
つまり、六〇キロの体重の人の血液量は、五リットルにもなる。

驚くことに、五リットルもの量の血液が、体中を巡っているのだ。

この大量の血液を体中に循環させているのが、心臓である。

心臓はポンプのように血液を押し出しながら、血液を体中に送っている。

血液が心臓に送り出されてから、再び心臓に戻るまでの時間は、およそ一分。

生まれてから今日まで、いや、母親の胎内に命を宿してから今日まで、心臓は一日も休むことなく、血液を送り続けている。

片時も休むことなく、片時も変わることなく、血液を送り続けているのである。

そのおかげで私は生きている。

悲しいことがあった日も、落ち込んだ日も、心臓は動き続ける。

私が休んでいる間も、眠っている間も、心臓は動き続けているのだ。

これって、なかなかすごいことだ。

血液は、液体である血漿と、血球成分から構成されている。血球成分は、赤血球、白血球、血小板の細胞である。

赤血球は体中の細胞に酸素を運ぶ働きをしている。また、白血球は体外から浸入してきた病原菌やウイルスから体を守る働きをしている。血小板は傷口で凝固して出血を止めるという働きがある。

血球の中で、もっとも多いのは赤血球である。
赤血球はその名のとおり、赤い色をしている。
私たちの血液が赤く見えるのは、赤血球の色なのだ。

私たちの体は、数十兆個もの細胞が集まってできている。
そのすべての細胞は、酸素がないと生きていくことができない。
そのため、赤血球は細胞の一つ一つに酸素を送り届けなければならないのだ。

体中の細胞に酸素を送り届けるために、私たちの体の中にはすみずみまで血管が張り巡らされている。
これらの血管をすべてつなぎ合わせると、一〇万キロメートルもの距離があるという。

一〇万キロメートルというと、地球を二周半するくらいの長さだから、すごい。

心臓から押し出された血液は、合計すると地球二周半分にもなる血管を巡って、わずか一分で再び心臓に戻ってくるのだ。

赤血球の寿命は約一二〇日と言われている。この間、赤血球は体の中を巡り続ける。一つの赤血球がその寿命の間に回り続ける距離は、約二八〇キロメートルにもなると言われている。

こうした体の働きによって、私たちは生きているのだ。

赤血球の寿命は一二〇日と言ったが、じつは、これは正確ではない。

何しろ赤血球には核がない。

細胞が生きていくためには遺伝情報を持った核が必要である。

しかし、赤血球は作られていく過程で、核を失ってしまうのである。

さらには生命活動を行うために必要なエネルギーを生み出すミトコンドリアも持っていない。

赤血球の役割は、酸素を運ぶことである。そのため、酸素を消費するミトコンドリアは不要なのである。

自らエネルギーを生み出すことのできない赤血球は、ただ、心臓が作り出す血液の流れに乗って移動していくだけである。

それでは、どうして赤血球は大切な核を捨ててしまったのだろう?

じつは核のない赤血球は、進化した形である。

たとえば、魚類や両生類、は虫類、鳥類の赤血球には核がある。

核のない赤血球は我々哺乳類だけが持つ進化した形なのだ。

進化した赤血球が核を持たない理由はいくつかある。

たとえば、大きな容積を占有していた核をなくしたことで身軽になり、それだけ多くの酸素を運ぶことができるようになった。

また、核をなくしたことで、赤血球が平たくなり円盤状の形になった。さらに、核がないので変形することも可能だ。この平たく変形可能な形のおかげで、毛細血管の狭いところも、通り抜けることができる。

さらには、細胞との酸素の受けわたしは表面を介して行われるので、平たくなることで、体積あたりの表面積を大きくすることができるのだ。

まさにいいことずくめ。

ただし、すべては酸素を運ぶためである。

核も奪われ、ミトコンドリアも奪われた赤血球は、もはや生きている細胞とは言いにくい。自らは死に体となりながら、酸素の運び屋として働き続ける。

これが私の体の中の赤血球である。

生きてもいない細胞に、寿命という概念はない。

しかし、赤血球も古くなる。そして、一二〇日を過ぎた頃、十分に働いて使用期限が切れた赤血球は脾臓で破壊されるのである。

私という存在は、たった一個の受精卵という細胞が分裂を繰り返して作られた。
赤血球もまた細胞であり、そんな私の分身である。
核のない細胞の働きによって、私たちは生きている。
いや、おそらくは……生かされているのだ。

私はじっと手を見た……
窓の外で猫が鳴いたような気がした。

第4話

爪の悲しい細胞

私は怒りっぽい性格である。
小さい器はすぐに沸騰すると言われるが、私はすぐに頭に来てしまう。
頭に来てしょうがないとき、私は、じっと手を見る。
腹が立ったときには、左手の親指の爪を見ると決めている。
最近では、怒りをコントロールする方法を「アンガーマネジメント」と言うらしい。
六秒数えるとか、深呼吸するとか、アンガーマネジメントにはいくつか方法が

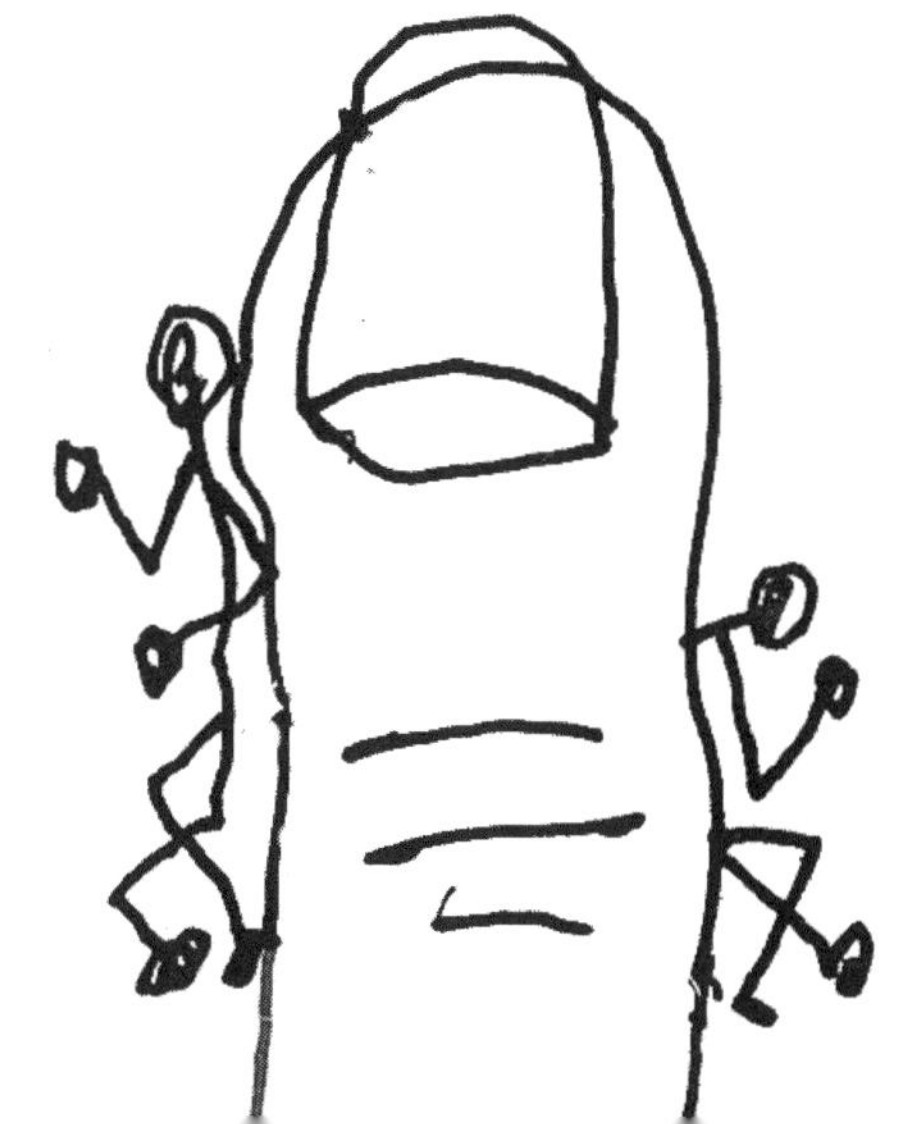

あるらしいが、私なりの方法ながら、爪を見つめるというのも効果的だ。爪に意識が集中すると、他のことをだんだんと考えなくなってくる。

忍耐のイメージの強い徳川家康は、もともとは短気な性格で、苛立つと爪を噛んで怒りを抑えたという。家康もまた爪を利用していたのだ。

それにしても、爪というのは、不思議な存在だ。

指先にあるが、指の皮膚とは明らかに違う。皮膚はやわらかいが、爪は硬い。

そもそも爪は何のためにあるのだろう？

以前、足の指の爪がはがれてしまったとき、足に力が入らずに歩くことさえたいへんだったことがある。

爪は、指先に力を入れるときに支えになる。

おそらくは、爪があるおかげで、手の指は、力を入れて物をつかむことができるのだ。

それにしても、指先にこんな硬いものがあるなんて、見れば見るほど不思議だ。硬いものと言えば、骨や歯がある。しかし爪は、骨や歯とはようすが違うような気がする。骨や歯に比べると爪は、何となく弾力があるような感じがする。

しかも爪は、毎日毎日伸びて来る。手の爪は一日に〇・一ミリ伸びると言われている。ということは、一ヵ月で三ミリ伸びることになる。指は少し切れても痛いが、爪は爪切りで思い切り切っても、まったく痛くもないし、血も出ない。

爪とはいったい何なのだろう?

爪は私たちの体の一部である。
私たちは母親の体内で命を宿したとき、精子と卵子が受精したたった一つの細胞だった。その細胞が分裂しながら、体のさまざまな組織を作っていったのである。たった一つの細胞が分裂しながら、私たちの手や指を作っていったことは、わかる気がする。脳がそうやって作られたことも、わかる気がする。心臓や内臓もそうして生まれたであろうこともわかる気がする。

しかし……
爪もそうやって生まれたのだろうか。そうだとすると、爪もまた、私の分身ということになるのだろうか。

爪は不思議な存在である。

爪をよく見ると、何色かに分かれている。
爪の根元には半月と呼ばれる少し白っぽい場所がある。

そういえば、ウソか本当か知らないが、半月が広いと健康だとか、昔はそんな言い方をしたような気がする。今ではすっかり聞かなくなったということは、迷信だったのだろうか。

半月の先には爪の甲がある。

そして、爪の先には爪先と呼ばれる少し色の違う部分がある。この爪先が爪切りで切り落とす部分である。

爪先は、少しずつ伸びていく。
いったい、どこが伸びているのだろう。

爪の甲の先から爪先だけが伸びていくのだろうか。それとも、根元の半月から伸びていくのだろうか。

実際には、爪は半月からだんだんと伸びていって、最後は爪先になって切られていくというから、不思議だ。

植物が茎を伸ばすように、子どもたちの背丈が伸びていくように、爪もまた伸びてゆく。

それなのに、爪が伸びていくようすからは、植物や子どもたちが成長していくのと同じような生命力が感じられないのも、不思議だ。

じつは、爪は死んだ細胞である。死んだ細胞だから、切っても痛くもないし、血も出ないのだ。

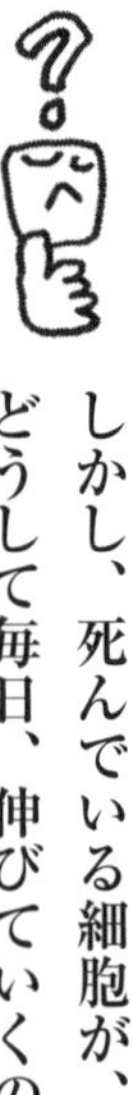

しかし、死んでいる細胞が、どうして毎日、伸びていくのだろう。

爪の根元には爪母細胞と呼ばれる細胞がある。

この細胞が分裂をしながら、爪を作り上げていくのだ。

細胞分裂をしているくらいだから、爪母細胞は、生きている細胞である。

細胞分裂というのは、一つの細胞が、二つに分かれることである。いわば分身の術である。それならば、爪母細胞が分裂をするということは、爪母細胞が増えていくだけなのではないだろうか。

さにあらず。

細胞は遺伝情報の入った核を持っている。細胞は、この核を分裂させながら、細胞分裂して増えていくのだ。

ところが、爪母細胞から分裂した新しい細胞は、やがて、この核を失ってしまう。つまりは魂を抜かれた状態になってしまうのだ。こうして魂を抜かれた死んだ細胞が爪である。

爪の根元では、細胞分裂が繰り返され、死んでしまった細胞は先へ先へと押し出される。こうして爪は伸びていくのだ。やがて空気に触れると爪の細胞は硬くなっていく。

こうして、根元から先端までおよそ四～五ヵ月を掛けて、爪の細胞は移動していくという。そして、ついには、爪切りで切り落とされるのだ。


生まれてすぐに死んでしまう細胞。それが爪である。

人間の体は、数十兆個の細胞でできていると言われている。

私たちは生まれる前に、たった一個の細胞だったから、数十兆個の細胞のすべてが、自分の分身でもある。

爪もまた、私たちの分身である。

それなのに、爪は生まれてすぐに死んでしまうのだ。死ぬために生まれてきた。それが爪の細胞なのである。

何という悲しい細胞なのだろう。


しかし……と私は思う。

私たちもやがては死んでしまう存在である。死ぬために生まれてきた。それが人間である。

そして、少し伸びた爪を見ながら思うのだ。
そんな人生怒って過ごしてもしょうがない。

私はじっと手を見た……

窓の外で猫が鳴いたような気がした。

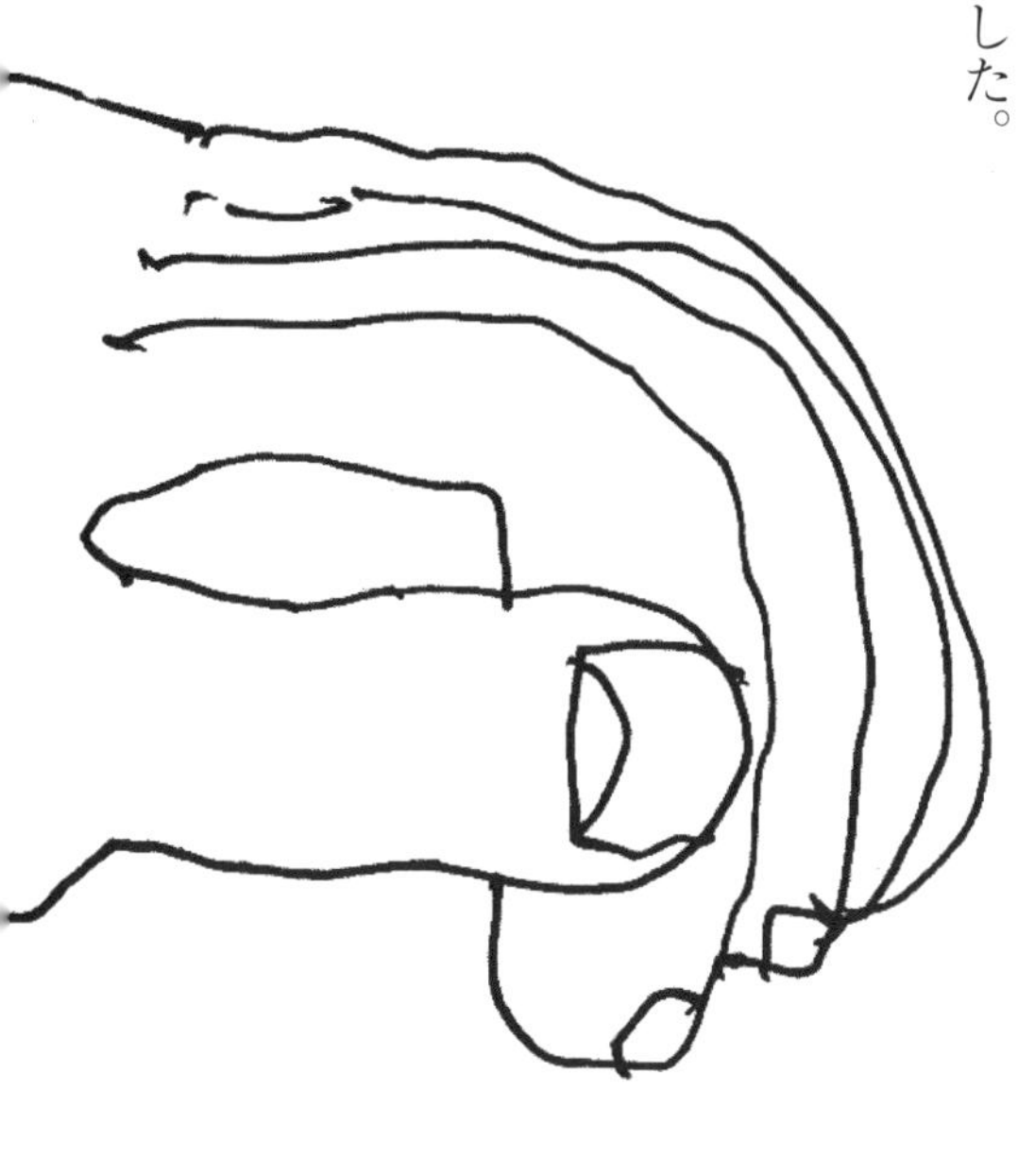

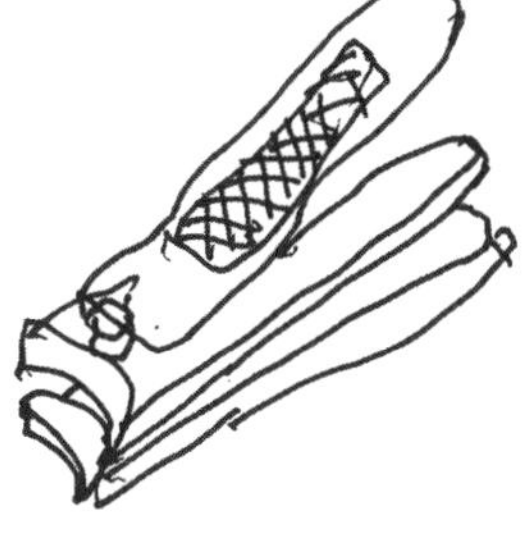

第5話

不老不死以上

あれ？

気がつくと、爪の先に垢がたまっている。

爪の垢というと、ずいぶんと汚らしい感じがするが、よくよく考えてみれば、そもそも垢というものは、私たちの皮膚が古くなって剥がれ落ちたものだ。

私たちの体は数十兆個もの細胞が集まって作られている。

そもそもをたどれば、私たちは母親の体の中で受精したとき、たった一個の細胞に過ぎなかった。その一個の細胞が分裂を繰り返し、私たちの体を作っている。そう考えてみれば、「垢」と呼ばれる細胞たちも、私の分身なのだ。

私たちの皮膚の一番外側を形成する「角質」と呼ばれる部分は、じつは死んだ細胞から作られている。

皮膚を形成する細胞は、皮膚の内側で生まれる。そして、新しい細胞が生まれると、先に生まれた先輩の細胞は外側に押し上げられる。新しい細胞は生まれ続け、先に生まれた細胞はどんどん外側に押し上げられていく。

そして、外側に押し上げられていく過程で、細胞は核を失い、死んだ細胞となる。そして、皮膚の内側で生命活動を行うすべての細胞を守るために、自らは生命活動を行わない死に体となって、生きた細胞を防御するのである。

私たちの体のすべては細胞によって作られている。

しかし、その生命活動のもっとも外側を守るという任務は、細胞にとって極めて過酷である。

そして、肌の細胞は最後には自らの命を捨てて、さらに外側に配置されるのである。

こうした死んだ細胞によって、皮膚が形成されている。

皮膚の細胞は、自ら楯となって私たちを守っているのだ。

映画などでは、誰かを守るために、撃たれた銃の前に身を投げて自ら犠牲となって命を落とすシーンがある。角質は、その「誰かを守るために命を捨てた」細胞だ。

この細胞が生まれてから、垢となって剥がれ落ちるまでの期間は、およそ四十五日。

けっして長いとはいえない生涯である。

そして、その生涯の最後に、自ら角質となって、皮膚の表面の後進の細胞を守り、皮膚の内側で行われるすべての生命活動を守る。

はるか遠い昔、生物は海で生まれた。

やがて長い長い進化の時を経て、四つ足の両生類が地上に進出した。しかし、両生類は水辺を離れることはなかった。

水のない陸上は、生物にとっては過酷な環境だったのである。

しかし、生物は皮膚によって体内の水分を守り、乾燥した陸上に進出した。皮膚に守られていることによって、私たちは水辺を離れて陸上で生活することが可能になったのである。


体の一番外側は、常に危険にさらされている。

泥や埃から身を守り、病原菌や雑菌から身を守り、紫外線から身を守り……。私たちの体を防御する角質に課せられた任務は過酷である。それでも、文字どおり体を張って、皮膚の下で行われる私たちの生命活動を守っているのだ。

こうして、角質細胞は、日々、戦い続け、戦い続け、ボロボロになっていく。

そして、役目を終えて古くなった角質は、人知れず剥がれ落ちていく。そんな角質を誰が「汚い」などと、さげすむことができるだろう。

私たちの体は、現在でも細胞分裂を繰り返している。
角質細胞も、次々に新しい細胞が作られて、古い細胞と置き換わっていく。

それにしても不思議なことがある。

私の体の表面は、新しく作られた皮膚で覆われているはずである。
肌の細胞は、およそ四十五日で、新しいものに置き換わる。
ということは、私の体の表面は、どんなに古くても作られて四十五日以内の新しい細胞で覆われているはずである。私の肌は常に新品なのだ。

しかし……

どう見ても、私の肌は作られたばかりの新品には見えない。

作られて四十五日以内といえば、もう赤ちゃんの肌と変わらないくらいの新鮮さである。

それなのに、どうみても私の肌は赤ちゃんのようなみずみずしさもなければ、もちもち感もない。

新しい細胞で包まれているはずなのに、どうして、私の肌は赤ちゃんの肌のようにならないのだろう。

肌だけではない。

人間は歳を取れば、体のあちらこちらにガタが来る。

冷蔵庫や洗濯機などの電化製品や、自動車も古くなればガタが来て、調子が悪くなったり、故障してしまったりする。

同じように、私たちの体も古くなれば、新品のように動かないのは当たり前のような気もする。

しかし、私たちの体は冷蔵庫や自動車のように古くなるわけではない。

常に新しい細胞が生まれ続け、常に新しい。私たちの体は生まれたての細胞で作られた新品同様なのだ。

それなのに、私たちの体は新品同様とは、とても思えない。
どうしてなのだろう？

私たちの体では、常に新しい細胞が生まれている。

細胞は分裂することで、新しく生まれ変わるはずである。

それなのに、私たちの体は老いていく。

私たちの細胞は、自ら老いていく。老いながら新しいコピーを生み出していくのである。


そして、いつかその体は死ぬ。

しかし、それは私たちの細胞が自ら進んで行っている営みである。

じつは、「老いて死ぬ」ということは、私たちの体が進化の末に獲得した能力なのである。

私たちは、元をたどれば小さな単細胞生物から進化をした。

三十八億年前にこの地球に生命が生まれたとき、生命はたった一つの細胞からなる単細胞生物だった。

単細胞生物は、分裂をして殖えていく。

一つの細胞が、二つに分裂する。そして、その細胞がさらに分裂して殖えていくのである。

分裂してできる新しい細胞は、元の細胞のまったくのコピーである。

単細胞生物は、老いることもないし、死ぬこともない。ただ分裂していくだけである。

元の細胞が分裂したときに、世代が交代したとみることもできるが、コピーが増えていくだけだから、元の細胞の死体があるわけではない。

単細胞生物に「死」は存在しないのだ。

単細胞生物は永遠に細胞分裂を続けることができる。
三十八億年もの間、永遠に生き続けているということもできるのだ。

しかし、私たちは老いて死ぬ。
老いて死ぬというしくみには、染色体のテロメアという部分が関係していると言われている。テロメアは、細胞分裂をするたびに短くなっていく。言わば細胞分裂の残り回数を数えるタイマーのような役割を果たしているのだ。
私たちの細胞の分裂する回数は有限なのである。

私たちの老化は、テロメアによって説明される。

しかし、どうだろう。

私たちの「なぜ?」という問いには、Ｈｏｗ（どのように?）という意味と、Ｗｈｙ（どのような理由で?）という意味とがある。

テロメアは、どのようにというメカニズムを説明するが、どうして私たちの細胞が自ら老いるしくみを持っているのかは説明していない。

生物の世界は、適者生存である。
長い進化の歴史の過程で、生物はさまざまな進化を繰り返してきた。
そして、私たち人類も高度に進化した体を手に入れたのである。

もしも、死ぬことが生物にとって不利なことであるとしたら、生物は、そんなテロメアのような危険なしくみは、とっくに解決しているはずである。

テロメアのない突然変異や、老いることのない進化をすれば良いだけなのだ。

しかし、実際には、私たちの細胞の中には、残り回数をカウントダウンするようなテロメアが存在する。

テロメアは、私たちが老いて死ぬことを、より効率良く、より確実に行うために作り出されたに過ぎないのだ。

私たちの祖先である単細胞生物は死ぬことはない。不老不死である。

しかし、不老不死というのは、生命の進化の中では、もっとも単純でもっとも古いシステムである。

生物は細胞が一つだけの単細胞生物から、細胞が集まった多細胞生物に進化をした。我々、人間も多細胞生物だ。

多細胞生物の体は、高度で複雑である。

細胞が分裂するたびに、次々に世代を交代していたとしたら、多細胞生物は成り立たない。

そこで、多細胞生物は、新たな子孫を作り出し、元の個体を葬り去るという方法を発明したのだ。

つまりは、スクラップ・アンド・ビルドである。

これが死と生である。

私たちは生まれて死ぬ。
私たちは、生があるから、死があるのだと信じている。
しかし本当は、死がなければ、生もないのだ。私たち多細胞生物は、死がある
から生きているのだ。

私たちは進化の過程で、「死」という画期的なシステムを手に入れた。
そして、「老いて死ぬ」という高度な生命活動を行うようになったのである。

古い個体は死に、新しい個体が生まれる。
そうすることで、多細胞生物は変化をすることが可能になる。
そして、変化をすることで、生物はさまざまな環境を乗り越えてきたのだ。

変化をするために、壊す。
進化の歴史を生き抜くためのスクラップ・アンド・ビルドが、「死」なのだ。

この世に永遠にあり続けることはできない。

しかし、それを乗り越えるために、生物は「死」を発明した。

私たちにとっては限りある命である。しかし、その限りある命を繰り返すことによって、生命は永遠となったのだ。


細胞レベルで考えれば、私もまた細胞分裂を繰り返してきた。

母親の胎内で受精したとき、私は受精卵という名の一個の単細胞生物だった。

その受精卵は母親の卵子と、父親の精子から作られた。その卵子は母親の細胞が分裂してできたものであり、精子は父親の細胞が分裂してできたものだ。


その母親の体も生まれる前は一個の単細胞生物だった。

その単細胞生物は祖母の細胞が分裂してできた卵子が元になっている。

こうして、たどっていけば、はるか三十八億年前の生命誕生までさかのぼることができる。

私の細胞もまた、単細胞生物と同じように、三十八億年もの昔から、細胞分裂を繰り返してきた存在なのだ。

死と生を繰り返しながら、生命は永遠の時を超えてつながってきた。

生命は死と生を繰り返す。

そして、私の分身である死んだ細胞が、この爪先の垢なのだ。

この垢の何と尊いことだろう。

私自身もまた、この細胞のように、命を全うして死んでいきたいものだ。

私はじっと手を見た……。

窓の外で猫が鳴いたような気がした。

第6話

昔の私はどこにいる？

久しぶりに、じっと手を見てみた。

何だかしわが増えてきて、ずいぶん年を取ったように見える。

「手は年齢を映す鏡」と言われているらしい。
化粧や服装で、どんなに若ぶってみても、年齢は手を見るとわかってしまうと言うのだ。

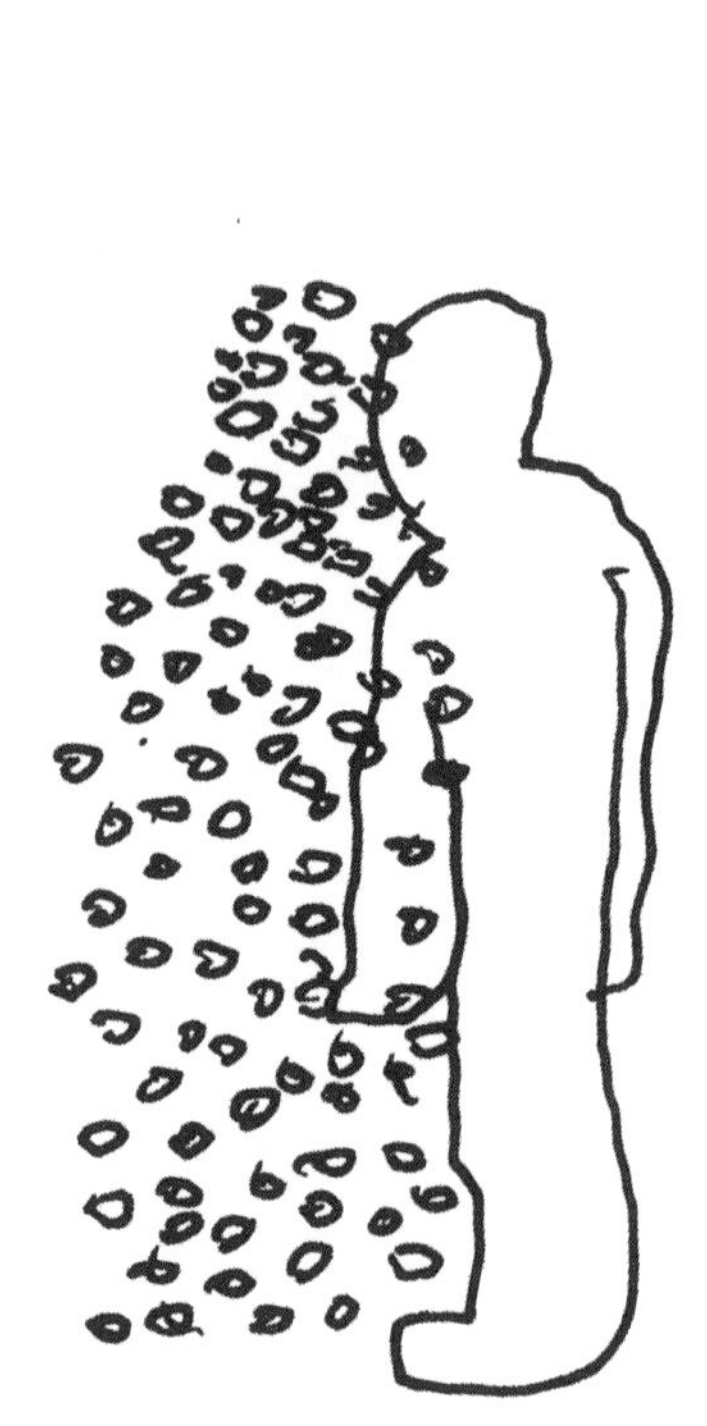

スキンケアの世界では、古い角質が新しい角質に置き換わることをターンオーバーと言う。

何でも、この肌の生まれ変わりであるターンオーバーを速やかに行うことが、美肌を保つ秘訣だと言われている。

肌のターンオーバーは、およそ四十五日。ひと月半もすれば、私たちの皮膚はすべて新しい角質に置き換わることになる。

私たちの体の中では、常に細胞分裂が行われている。そして、肌が新しい細胞に置き換わるように、骨の細胞や内臓の細胞も数ヵ月で生まれ変わるという。


もし、そうだとすると……

私は、少し恐ろしいことに気がついた。


そうだとすると……私の体は数ヵ月前とは、まったく違うものに置き換わっていることになる。

数ヵ月前、私が「自分の体」だと信じて、動かしていた手も腕も、もうどこにも存在していない。

足も腹も、体の中の胃も腸も、数ヵ月前に私の体だったものは、何もない。
私の体は、数ヵ月ですっかり入れ替わっている。
私は今、数ヵ月前とはまったく違う入れ物の中にいるのだ。

そうだとすれば……
私という存在は、過去の私とは別の存在なのだろうか?

いや、そうではないはずだ。
たとえ、「体」という入れ物は替わってしまったとしても、私は私だ。
だって、私は「脳」の中に存在しているのだ。

しかし、そうでもないらしい。
何しろ、人間の脳の細胞も、一年もすれば、すべて入れ替わってしまうらしい。
私が自分そのものだと信じていた「去年の脳」と、「今年の脳」はまったく別物だと言うのだ。

そうだとすると、私という存在は、いったい何なのだろう？

脳さえも入れ替わっているとなると、

私の心はどこにあるのだろう。私はいったいどこにいるのだろう。

「去年の脳」と、「今年の脳」とが完全に入れ替わってしまったとしても、私は去年のことを覚えている。

子どものときの脳は、影も形も残っていないとしても、私には子どものときの記憶もある。学んだことや、経験もしっかりと身になっている。

脳の中の記憶がある限り、私は私である。

そうだとすると、私という存在は、パソコンの中に記憶されたデータのようなものに過ぎないのだろうか。単純な電気信号に過ぎないのだろうか。

しかし、記憶ほどあいまいなものはないことも事実である。
記憶は薄れるし、まちがった記憶が勝手に作られたりもする。
子どもの頃はあんなに好きだったのに、今はそうでもない、というものもある。
記憶とはあいまいなものだ。
そうだとすると、私という存在も、あいまいなものなのか。

私はじっと手を見た……

窓の外で猫が鳴いたような気がした。

第7話

指と指の間にあるもの

新型コロナウイルスの感染拡大を経験して以降、よく手を洗うようになった。

何しろウイルスは目に見えないから、しっかりと洗わないといけない。洗い残しがあってはいけないのだ。

聞いたところによると、三〇秒を目安に時間を掛けて手を洗うと効果的なのだという。

ちょうど、ハッピーバースデーの歌を二回歌

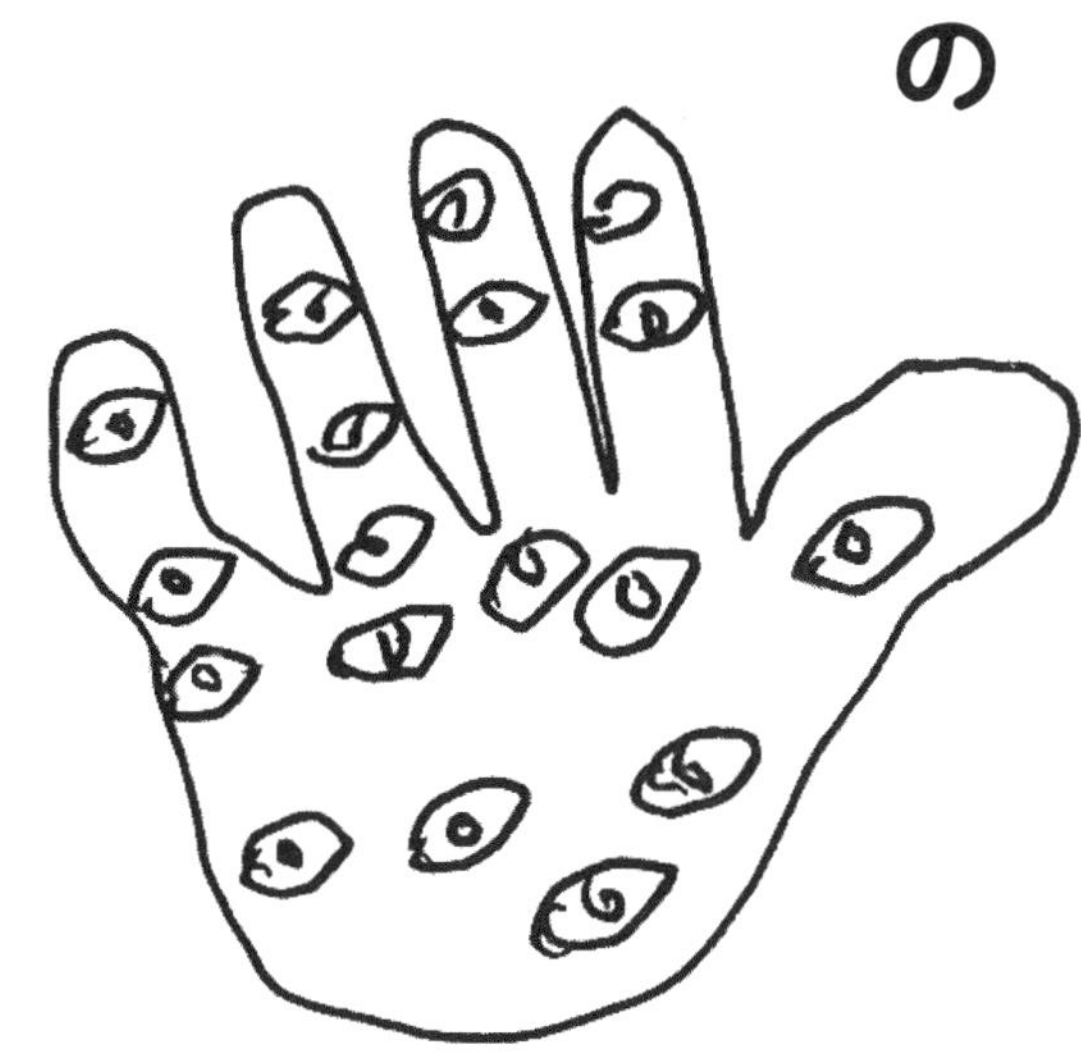

うくらいらしい。

ハッピーバースデートゥーユー
ハッピーバースデートゥーユー
ハッピーバースデー ディア……

ところで、いったい誰を祝えばいいのだろう。
とりあえず自分かもしれないが、自分の名前を入れるのも照れくさい。うーん、誰の名前を入れようか。

そんなことを考えているうちに、だいたい三〇秒になる。

手洗いの方法はこうだ。
まずは、手のひらと手のひらを合わせてこする。
次に手と手を組んで、指と指の間を洗う。

次に手のひらで、もう一方の手の甲をこする。
それにしても、指の股と股とが、うまいこと組み合わさるものだ。
指が五本あるから、指の股は四つあることになる。
五本の指と五本の指を組み合わせると、四つある指の股ときれいに組み合わさる。

しかし、考えてみると、何だか不思議だ。
指という存在は、どのようにして作られたのだろう。

まだ私たちが母親のお腹の中で胎児だった頃……

できたばかりの手は、まだ指と指がはっきりせずに、げんこつのようだった。
そのげんこつのような手から、だんだんと指の形が作られていくのである。
げんこつから五本の指が伸びていくような気もするが、そうではない。
もう原型のできあがった体から、神様が粘土細工をするように、指のパーツをくっつけたり、指の部分をきれいに伸ばすようなことはできないのだ。

それでは、どのようにして指を作れば良いのだろう？

新しいパーツを作ることはできないが、すでにあるものをなくすことはできる。

指と指の間の細胞をなくしていく。
そうすれば、残った細胞は五つの突起となる。これが指である。

作られたのは、指ではなく、指と指の間なのである。

失うことによって得られるものがある。
指もまた、そういう存在なのだ。

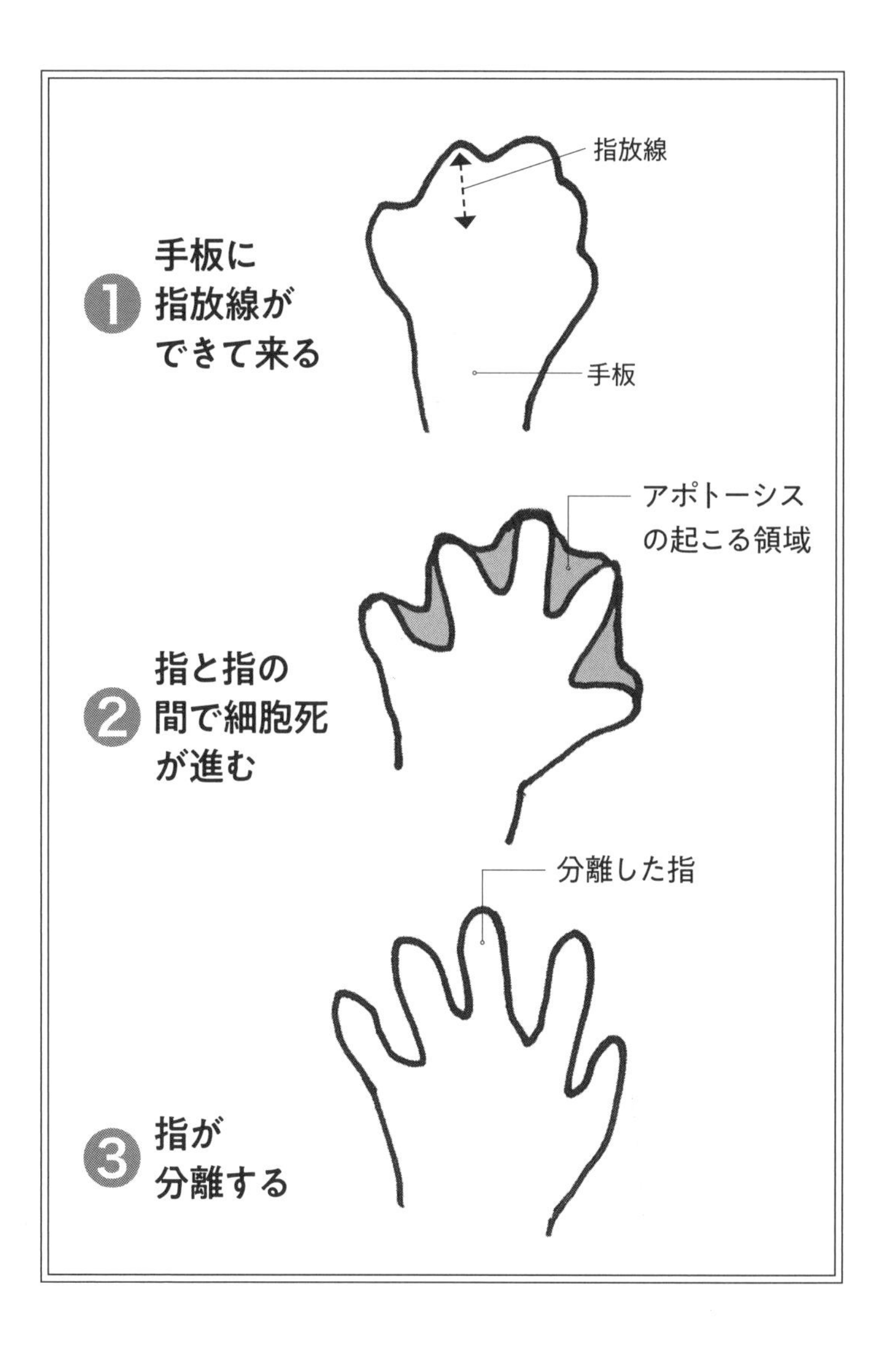
指放線
手板に
指放線が
できて来る
手板
アポトーシス
の起こる領域
指と指の
間で細胞死
が進む
分離した指
指が
分離する

それにしても、指と指の間の細胞を失わせることなど、できるのだろうか。

私たちは、だんだんと細胞がなくなるという現象を目撃することがある。

たとえば、カエルのしっぽがそうだ。


カエルの子どもであるオタマジャクシは、長いしっぽが生えている。ところが、足が生えて、手が生えると、だんだんとしっぽは短くなり、カエルになる頃には、しっぽはなくなってしまう。これは、しっぽの細胞が失われていくからである。


この現象は、アポトーシスと呼ばれている。

アポトーシスは、日本語では、プログラム細胞死と呼ばれる。つまりは予定された細胞の死だ。あるいは、「細胞の自殺」と呼ばれることもある。

オタマジャクシのしっぽは、役割を失うと、細胞が自殺を始める。それが最初からの計画だったのだ。こうして、計画どおりに細胞が死んでいくことによって、オタマジャクシのしっぽはなくなっていくのである。

胎児の指も同じである。
指と指の間の細胞が、計画どおりに死んでいくことによって、指が形作られていく。

指と指の間にある細胞に役割はない。
初めから死んでいくことが計画された細胞なのだ。
その細胞たちが死んだことによって、今、私の手には五本の指がある。そして、四つの指の股があるのだ。

指の間には、何もないのではない。
間違いなく、「指の間」があるのだ。

私はじっと手を見た……

窓の外で猫が鳴いたような気がした。

第8話

個性があることの意味

もうすぐ私の誕生日だ。

誕生日まで、あと何日なんだろう。
指折り数えてみた。

私たちは、ふだん数を数えるときに、指を使う。
「指折り数える」という言葉にあるように、指を折って数えていくのである。

「五本の指に入る」という言葉もある。トップ5に入っているという意味だ。
私など、「下から数えた方が早い」という感じだろうか。
トップ5やトップ10と言われるのは、手の指が十本だからなのだろうか。

一を十個集めると一〇。
一〇を十個集めると一〇〇。
一〇〇を十個集めると一〇〇〇。
私たちが使う十進法は、一〇ごとに位が一つ上がっていく。

そもそも、一〇が基本になっているのは、指が十本だったからである。

私たちの指は片手に五本。両手で十本である。
両方の指で数えられるのは、十までである。

数字は十進法ばかりではない。
時計は十二進法である。

時計は十二時間で一回りする。

十二進法は、一年で月の満ち欠けが十二回起こることに由来すると言われている。確かに、一年は一月から十二月までに十二等分されているし、誕生日を表す星座も十二星座だ。

しかし、暦以外にも十二進法は用いられる。

たとえば、鉛筆などは一ダースという単位で売られている。一ダースは十二本だ。あるいは、長さの単位である一フィート＝十二インチである。また、イギリスのお金の単位では、十二ペンス＝一シリングとなる。

一説には、十二進法も手を使った数え方に由来するとも言われている。

私たちの手を見ると、人差し指、中指、薬指、小指の四本の指に関節が三つずつある。これを親指で数えていくと、四×三で十二の関節がある。つまり、片手で十二まで数えることができるのだ。

人間の指は五本であり、一本の指の関節は三つである。

共通しているから、十進法や十二進法が生まれたのだ。

多指症という病気の人やケガによって指を失ってしまった人もいるが、私たち人間の指は五本である。

世界には、さまざまな人がいる。

たとえば世界中には、さまざまな肌の色の人がいる。

肌の色が黒いのはメラニン色素によるものだ。メラニン色素は、肌の表面で太陽光に含まれる紫外線を吸収し、細胞を傷つける有害な紫外線から人間の体を守るのだ。

そのため、太陽光の強い低緯度地域では、人類は黒い肌を発達させた。それが、俗に黒人というネグロイドと呼ばれる人種である。

これに対して、太陽光の弱い高緯度地域では、紫外線から体を守る必要性が低い。一方、人間は紫外線を浴びることでビタミンDを作り出すので、紫外線があまりに弱いとビタミンD不足になってしまう危険性がある。
そのため、高緯度地域では、太陽光を効率良く吸収するためにメラニン色素を失って白い肌に進化したのである。それが、俗に白人というコーカソイドと呼ばれる人種である。

しかし日の当たらない手のひらは、メラニン色素が少ないため、ネグロイドもコーカソイドも白く見える。

モンゴロイドと呼ばれる私たちアジア人は、ネグロイドとコーカソイドの中間の肌の色である。そして、太陽光が強くなればメラニン色素を増やして、日焼けして肌を黒くする。そして、光が弱ければメラニン色素を少なくして、肌の色を白くするのである。
私の手も日の当たる手の甲は黒っぽい。そして、袖の下にある腕の部分は白っぽい。

世界の人々が肌の色が違うのには、合理的な理由がある。
そして、髪の色が違うのにも、眼の色が違うのにも、合理的な理由があるはずである。

しかし……

手の指の数は、五本である。
指の本数は、世界共通なのだ。

それでは、目の数はどうだろう。
目の数は二つである。
鼻の数は一つ、鼻の穴は二つ。世界中で共通である。

目の数が二つなのは当たり前ではないか、と思うかもしれないが、そうではない。
たとえば、多くの昆虫は二つの複眼の他に、三つの単眼という目がある。つまり、目が五つあるのである。
はるか昔の古生代の海には、目が五つの生き物や、一つ目の生き物が存在していた。しかし、私たちは、二つの目に進化をしてきた。
それは、人間にとって目の数は、二つがベストな数だからである。
同じように、人間にとって、指の本数は五本である。ということは、指の数は五本がベストということなのだ。

生物は、最適な形に進化をする。

指の本数にも、目の数にも個性はない。

しかし、私たちの顔はみんな違う。誰一人として同じ顔はない。
もし、人間にとってベストな顔があるとすれば、世界中の誰もがその顔をしているはずである。

生物は遺伝的多様性を持つ。遺伝的に多様な集団であることで、あらゆる環境に対応し、さまざまな環境の変化に対応しようとしているのである。

ベストな答えが一つではないとき、生物は「多様であること」を重視するのである。

色々な顔があるということは、どの顔が良いとか悪いとかではなく、色々な顔がある「多様性」に価値があるということなのである。

性格も一人ひとり違う。

得意なことも人それぞれ違う。

生物は必要のない個性は持たない。

性格や特技に個性があるということは、その個性が人間にとって必要だからなのである。

どんなに自分のことが嫌いでも、

どんなに自分の容姿に自信がなくても、
どんなに自分の性格が気に入らなくても、
私がこの世にいるということは、この個性が必要だったからなのだ。

私はじっと手を見た……

窓の外で猫が鳴いたような気がした。

第9話

イヌの指は何本？

わが家のリビングで、イヌがお腹を出してひっくり返って寝ている。
肉球まで見えるありさまだ。
ところで……と私は考えた。
イヌの指は何本なのだろう。
私は自分の手を見てみた。

私の手の指は、五本である。

うちのイヌはどうだろう。

イヌは前肢が五本指、後ろ肢が四本指であると言われている。

前肢は五本指だが、地面に接する指は四本。一本は、少し離れた場所にある。これは「狼爪（ろうそう）」と呼ばれているらしい。

後ろ肢は四本指だが、犬種によっては「狼爪」のあるものがいる。多くのイヌは、後ろ肢の狼爪が退化して、消失してしまっているのである。

ということは、イヌも、もともとは私たちと同じ五本指だったということになる。

それでは、ネコはどうだろう。

ネコもイヌと同じく、前肢が五本指で、後ろ肢が四本指である。そして、ネコも前肢の指の一本は、狼爪である。
つまり、ネコも五本指なのである。

他の動物はどうだろう。

パンダは指が六本あると聞いたことがある。もっとも、実際にはパンダも指の数は五本らしい。ただし、パンダはタケやササをつかみやすいように、手首の骨が大きくなってコブのようなでっぱりがある。このでっぱりを「第六の指」と呼ぶのである。パンダも五本指なのだ。

それでは、ウマはどうだろう。
ウマの指の先は、ひづめになっている。
古い時代、ウマの祖先も五本指だったらしい。しかし、退化して現在のウマは三本指である。そして、中指にあたる一本の指で体を支えているという。

草食動物は、大きく奇蹄目と偶蹄目に分類される。

ひづめが奇数個あるものが奇蹄目であり、ひづめが偶数個あるものが偶蹄目である。

たとえば、ウマやサイは奇蹄目である。これに対して、ウシやカバは偶蹄目である。

ひづめの数だけで、見た目には似つかないウマとサイや、ウシとカバを同じ仲間に分類するのは、ずいぶんと乱暴な感じもするが、進化の過程で偶蹄目の祖先と奇蹄目の祖先が枝分かれをして、その後、さまざまな動物へと進化をした。その、最初の分かれ目がひづめの数だったのである。

ちなみに奇蹄目のサイの指は三本であり、偶蹄目のウシの指は二本、カバは四本指である。ウマは中指一本をひづめにして立っているが、ウシは中指と薬指の二本で立っていることになるらしい。

そもそも、哺乳類の最初の祖先は、五本指であったと考えられている。しかし、環境の変化に合わせて、指を減らしてきたのだ。

そして、奇蹄目は二本の指が消失し、三本指となった。一方、偶蹄目は五本指から四本指へと進化し、さらにウシは二本指に進化をしたのだ。

本当に、すべての哺乳類が五本指なのだろうか。


たとえば、クジラはどうだろう。

クジラは海に暮らす哺乳類である。

クジラの手は胸びれに進化をしているが、胸びれの骨を見ると、私たちの指の骨と同じように五本ある。


元をたどれば、哺乳類の指の数は、すべて私たちと同じ五本なのである。


哺乳類だけではない。鳥類も虫類も両生類も、もともとは五本指だったという。

現在、哺乳類はわかっているだけでおよそ六五〇〇種。鳥類とは虫類は、それぞれ、およそ一〇〇〇〇種、両生類はおよそ六五〇〇種が知られている。

それらの生物がすべて、五本指に由来している。

つまり、哺乳類や鳥類、は虫類、両生類の共通の祖先が、五本指だったと考えられているのである。

私たち脊椎動物の祖先は魚類に遡ることができる。

古生代になると、海では進化した魚類たちが繁栄し、そこは弱肉強食の生存競争の場となっていった。そして、競争に敗れ、獰猛な肉食の魚類に追い立てられた弱い魚たちは、陸に近い浅い海へと住処を求めていったのである。

しかしやがて浅い海も多くの魚が進出し、弱肉強食の場となる。

そして、そこでも追い立てられた魚類たちは、川へ逃げ延び、ライバルや敵のいない浅瀬へと住処を求めたのである。

弱い魚の中でも小さな魚たちは、敏捷性を発達させて敵から逃げたり、すばやく隠れるという能力を身につけた。

私たち脊椎動物の中で、最初に陸上への進出を果たしたのは両生類の仲間である。

両生類の祖先とされるのは、のろまで動きの遅い大型の魚類である。早く泳ぐことのできないのろまな魚は、住処を追われ、浅瀬へ浅瀬へと追いやられていった。

大型の魚にとって浅瀬で生きることは簡単ではない。ヒレを動かせば、水底にあたってしまう。しかし彼らは、大きな体で力強くヒレを動かし、水底を歩いて進んでいった。やがてこのヒレが、水底を歩くための足のように進化していったのである。

そして、その後、彼らは陸上への進出を果たすことになる。

陸上を歩くのに五本指が適しているわけではない。実際に陸上に進出した後、そこから進化した両生類やは虫類、鳥類、哺乳類は指の数を変化させていった。

陸上に進出した両生類の祖先が五本指だったのは、ひれを支える骨の数が五本だったからに過ぎない。

四本の足で重い体重を支えながら、未知のフロンティアである陸上にあがった挑戦者こそが、私たちの祖先である。

この偉大なる祖先が、その後の進化によって、すべての両生類、は虫類、鳥類、哺乳類を生み出す祖となったのである。

陸上に進出した後、生物は新しい環境に適応して、急激に進化し、種類を増やしていった。

しかし、どうだろう。

すべての四肢動物の指の数は五本である。

指の数を減らして、四本指になったり、三本指や二本指、一本指で体を支える生き物もいる。しかし、それはすでにあるものを無くしたというだけで、新たな六本目の指を創造した生物はいない。

これだけ生物が進化を遂げても、新しい指は生まれていないのだ。

キリンは首を長くし、ゾウは鼻を長く進化した。獣たちは木に登ったり、陸上を自由に走り回るようになったし、鳥たちは空を飛ぶ翼を手にした。

それでも、私たちの祖先が手に入れた五本指を超える新しい指は創り出すことができなかった。

五本の指は私たちの祖先が獲得したものだ。

そして、陸上に暮らす生物は、このとき陸上への進出を果たした五本指の祖先の子孫である。

すべての生物は、祖先を同じにする、いわば親戚のようなものなのだ。

兄弟姉妹は共通の両親を持つ。いとこは、共通の祖父母を持つ。祖父母の兄弟姉妹の孫は、はとこと呼ばれる親戚だ。祖先をたどっていくと、血のつながりのある親戚の数は増えていく。だんだんと面識のない親戚も増えていく。

両親が二人、祖父母は四人、曽祖父母は八人……と単純計算していくと、十代遡ると、その世代だけで一〇二四人の祖先がいることになる。父母から十代前の祖先直系の祖先の数をすべて足すと二〇四六人になる。二十代遡ると二十代前の祖先の数は一〇〇万人を超える。父から二十代前の祖先を足せば二〇〇万人だ。もう、これ以上、遡ると大変なことになりそうだ。

昔のことだから、たとえば二十歳で子どもを産んだとすると、二十代前だと四〇〇年前になる。江戸時代の初めの頃だ。その頃の日本の人口は一〇〇〇万人程度と言われている。もちろん、重複することもあるから、本当に祖先が一〇〇〇万人もいるわけではないだろうが、そこまで祖先を遡れば、もう日本中の人が親戚のようなものだ。

大昔の祖先たちが、結婚をして夫婦となり、子どもを授かる。その子どもたちが出会い、結婚をして夫婦となり、子どもを授かる。そうして生まれた祖父母が夫婦となり、私たちの両親を授かる。そして、その両親から私が生まれた。

私の両親は見合い結婚だったが、もし、その見合いで出会っていなければ、私はこの世に生まれなかったことになる。私の祖父母の誰かが、別の人と結婚していても、私は生まれていない。

二十代遡れば、私の誕生に関わる夫婦は一〇〇万組を超える。

このたくさんの夫婦のうち、一組でも成立しなかったとしたら、今の私の存在

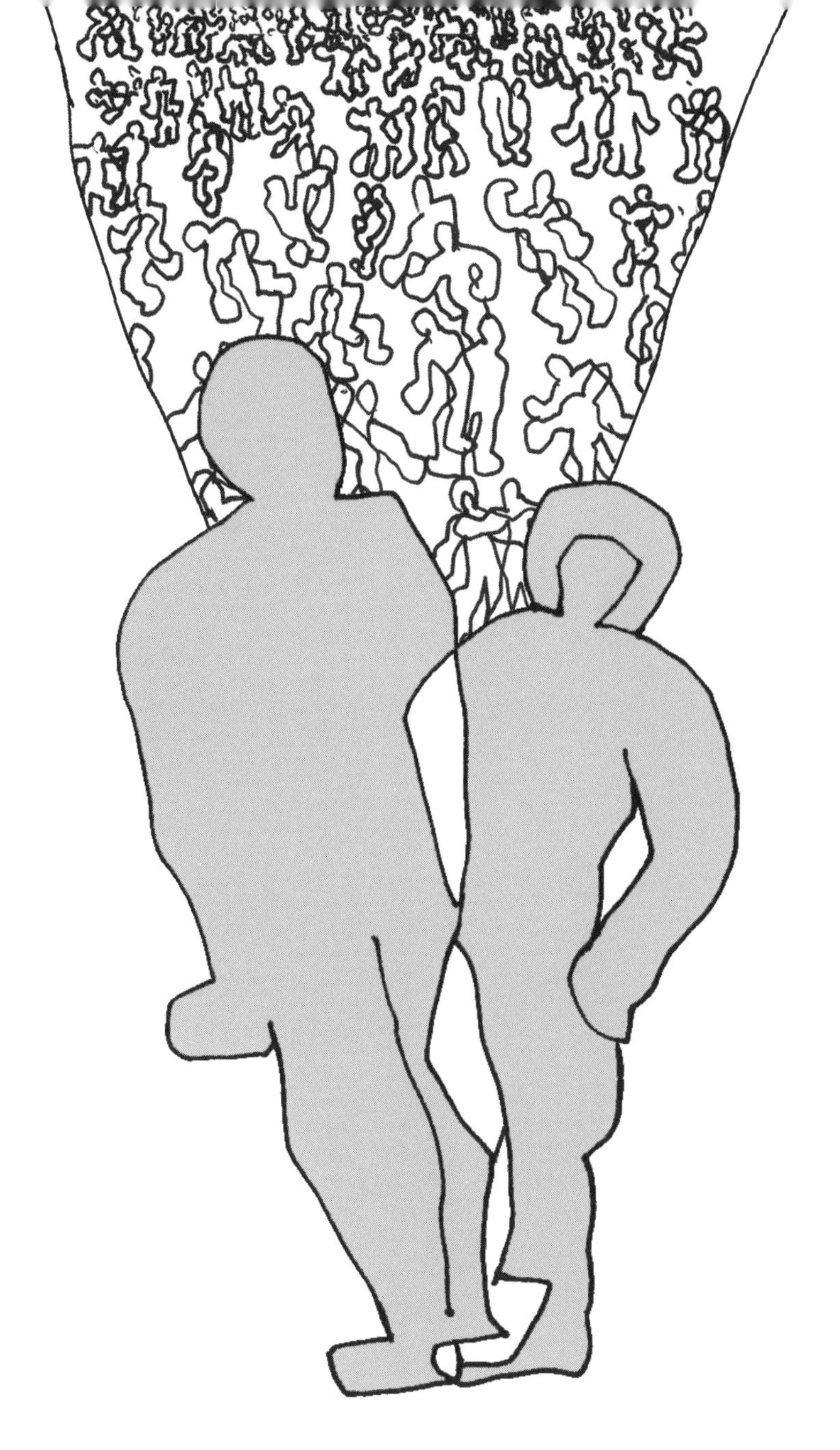

も成立しないことになる。

私が生まれてきたのは、何という恐ろしい偶然だろう。

二十歳で子どもを産んだと計算しても、一〇〇代も遡れば弥生時代にまで遡ることができる。

もっともっと遡って、おそらく数十万代も遡れば、私たちの祖先は猿人に行き着くだろう。

もっともっと遡れば、どうなるのだろう。

生命は切れ目なくつながっている。

もっともっと遡れば、私たちの祖先は、あの上陸を果たした五本指の祖先にたどりつくことができるだろう。

そして、生物はオスとメスとが交わり、子孫を残してきた。その命のつながりの先端で今を生きているのが、私だ。

古代両生類が陸上への進出を果たしたのは、四億年ほど昔のことであるとされている。

この四億年もの間、生き物たちはオスとメスとがカップルを作り、交わり、子孫を残してきた。生命の進化はその繰り返しだ。

そのカップルの一組でも成立しなかったとしたら、今の私は存在していない。

生き物が生き抜くことは簡単ではない。私の祖先の生物のどれかが食われたり、事故で死んでいれば、私は存在しない。

何ということだろう。

私という存在は、ほんのわずかな偶然の重なりが生み出した産物に過ぎない。

私がここにいるのは、まさに奇跡なのだ。

いや、もしかすると……

ほんのわずかな偶然ではなく、それがすべて必然の重なりだったとしたら……

私は自分で思っているよりも、ずっと確かな存在なのかもしれない。

私はじっと手を見た……

窓の外で猫が鳴いたような気がした。

第10話

謎に満ちた「目」

手に太陽の光が当たっている。
陽の光が当たると、手の甲が温かい。
窓の外を見れば、光がまぶしく感じられる。
私たちは光をどこで感じているのだろうか。
かの昆虫学者のファーブルには、幼少の頃のこんなエピソードがある。

幼き日のファーブルは、太陽がまぶしいのはどうしてなのか疑問に思った。太陽の方を向いて口を閉じてみてもまぶしい。耳を塞いでもまぶしい。鼻を隠してもまぶしい。そして、目を閉じてみると……まぶしくない。

そして、ファーブル少年は、太陽をまぶしく感じるのは、目があるからだという結論に達するのである。


そんなこと当たり前ではないかと思うかもしれないが、そうではない。

当たり前のように思えることを疑問に思うこと、そして、自ら確かめるということが大切なのだ。

ファーブルの祖母は、ファーブル少年の発見を熱心に聞いてあげたという。

こんな探究心が、後のファーブルを作り上げたのである。

私たちは目で光を感じている。

そんなことは当たり前である。

しかし、よくよく考えてみると、目というのは不思議な存在である。

私たちは目から入ってきた光を、最終的に脳で認識する。

つまり、目に入ってきた光を、信号に変えて脳に送らなければならないのだ。

たとえば、テレビは映像や音声を電気信号に変換して送信する。そして、テレビは受信した電気信号から、映像と音声を作り出す。

目のしくみもまったく同じである。

目の奥にある網膜で捉えられた光は、電気信号に変換されて、神経細胞によって脳に伝えられる。そして、私たちの脳はその電気信号を元にして、映像を作り出すのである。このとき網膜で光を捉える役割をしているのはオプシンと呼ばれるタンパク質でできた受容体である。

私たちは目で光を感じている。

そんなことは当たり前である。

しかし、私たちは、本当に目だけで光を感じているのだろうか。

たとえば、太陽の光が当たった手の甲は温かい。

これは太陽光に含まれる赤外線を、肌が感知しているからである。

あるいは、太陽光の紫外線を浴びると、私たちの肌は日焼けをする。

肌が紫外線を防ぐためにメラニンという黒い色素を作り出すのだ。

メラニン色素は、目が紫外線を感知すると生成されると言われている。しかし、体全体が黒くなるわけではなく、陽に当たったところが日焼けをして黒くなり、服を着ていて陽が当たらないところは白い。

ということは、肌自身が光が当たっていることを感知してメラニン色素を生成していることになる。

つまり、肌が紫外線という光を感じているのだ。

赤外線は波長の長い光で、紫外線は波長の短い光である。

赤外線から紫外線の間には、波長の異なる光がある。これが虹のグラデーションのように紫色から赤色までの目に見える光である。

赤外線と紫外線を感知しているということは、肌は赤外線と紫外線の間にある目に見える可視光も感知していると考える方が自然である。

実際に、人間の肌の細胞には、人間の目と同じように光の強弱や色を識別する受容体があり、紫外線だけでなく、赤外線や可視光に対しても、光から肌を守るために、さまざまな防御反応を示すという。

受容体があり、反応を示すということは、肌も光を感じているということなのだ。

皮膚が光を感じるというのは、荒唐無稽な感じもするが、そんなことはない。たとえば、タコは、皮膚の細胞が光を感知して、まわりの環境にあわせて皮膚の色を変化させることが知られている。

私たちの皮膚が光を感知したとしても、何ら不思議はないのだ。

それでは逆に、光を感じる「目」という器官は、どのような器官なのだろう。「目」も皮膚や他の器官と同じような細胞でできた器官である。
皮膚が光を感じるかもしれないが、景色を見ることはできない。
私たちのまわりの世界を、単なる光ではなく、鮮やかな映像として捉えることのできる「目」というのは、相当に不思議な存在だ。

目は、どのようにして光を捉え、景色を見ているのだろう?

私たちの目は、光の受容体であるオプシンを持つことによって、光を捉えることを可能にした。
それでは、「光を捉える」という複雑なしくみを、私たちはどのように獲得したのだろう。

その答えは、じつはよくわかっていない。

人間の目の進化は、謎に満ちている。

目という不思議な器官がどのようにしてできたのか、じつはよくわかっていないのだ。

現在の進化論は、「突然変異」と「自然選択」によって説明されている。

たとえば、キリンの祖先は首が短かった。

その中で少し首の長いキリンが突然変異で生まれたとする。少し首の長いキリンは、他のキリンよりも高い木の葉を食べることができるので、生存に有利である。そのため、少し首の長いキリンが生き残る。

少し首の長いキリンの子孫は、他のキリンの子孫よりも首が少し長いかもしれない。

こうして、少し首の長いキリンの子孫が増えて集団が作られると、さらにその中でも首の長いキリンが突然変異で生まれる。そのキリンは高い木の葉を食べることができるので、生存に有利になる。そして、首の長いキリンが生き残る。

これを繰り返すことで、首の長いキリンに進化するというのである。

しかし、この進化論では、目の進化を説明することができない。

「目」は極めて高性能で複雑な器官である。

少しずつ少しずつ突然変異を繰り返して、目が見えるようになったとする。しかし、目が見えるようになるまで、「目」という器官は何の役割も持たないから、未完成の目を持っていたとしても、何のメリットもない。

メリットがないような突然変異が生き残りながら、進化を遂げていくことはないのだ。

しかも、目は、進化の過程で突然現れた。

たとえば、キリンであれば首の短いキリンの祖先種がいて、その後、少し首の長い祖先種も発見されている。そのため、キリンは少しずつ首を伸ばしてきたことが推察されるのだ。

しかし、目は違う。

目の原型のようなものを持つ生物や、まだ見えない目を持つような生物は発見されていない。

「目」は生物の進化の過程で突然、出現する。

そして、「目」を獲得した生物は、効率良く餌を見つけたり、敵を見つけて逃れる術を手に入れて、劇的な進化を遂げていくのだ。

「目」は本当に謎に満ちた器官である。

一説によると、それは植物に由来するとも言われている。

小さな植物プランクトンが、効率良く光合成をするために、光を感じるセンサーを発達させた。それがオプシンである。

このオプシンを含む植物プランクトンを食べた原始的な生物が、遺伝子の中に取り込んだという仮説が立てられているのである。

もし、私の体の遺伝子が植物に由来するものだとしたら、どうだろう。

植物と人間は、似ても似つかない生物である。

何しろ彼らは動かない。

私にとっては動かないで生きていける植物は、とても不思議な存在だが、植物にしても、動かなければ生きていけない人間は、相当に不思議な存在だろう。

私が生きているように、植物もまた生きている。

そして、私は植物の遺伝子によって、世界を見ているとしたら、どうだろう。

いつもより、窓の外の木々の緑がまぶしく感じられる。

私はじっと手を見た……

窓の外で猫が鳴いたような気がした。

第11話

つかむための進化

私は落ち込みやすい性格である。
気がつけばうつむいてばかりいる。
うつむいているから、さらに、落ち込む。
そんなとき私は、じっと手を見る。
やっぱりだ。

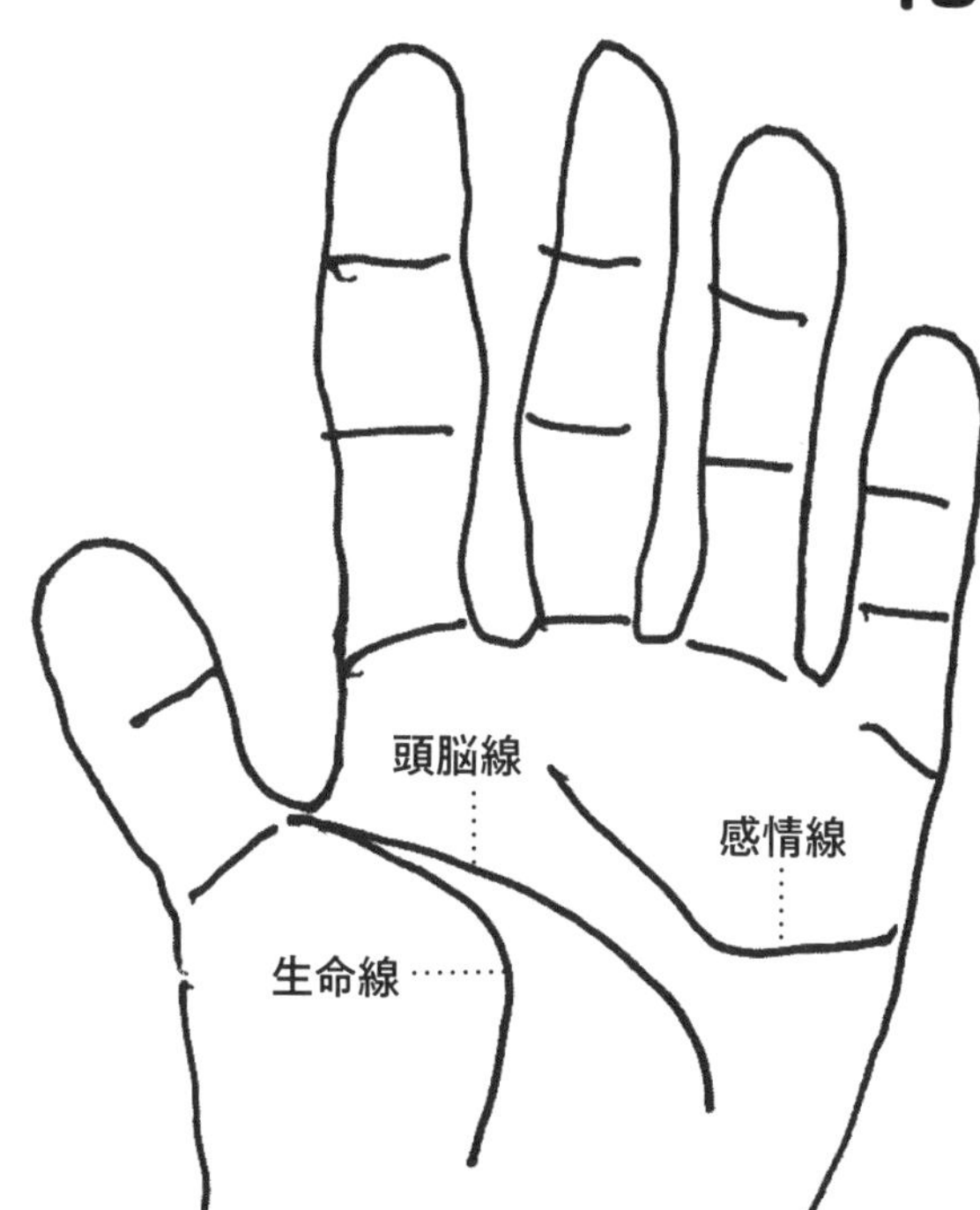

やっぱり私は、生命線が短い。
そういえば、頭脳線も短いような気がする。

きっと不幸な運命の下に生まれてきたに違いない。

私にはまったく縁がないが、手相の中には、「天下取りの手相」という景気のいいものもあるらしい。
それが、マスカケ線と呼ばれるものだ。

天下を統一した、かの徳川家康はマスカケ線だったと言われている。
最近では、大リーグでも大活躍をした野球のイチロー選手や、俳優やミュージシャンとして不動の地位をもつ福山雅治さんがマスカケ線だという。

手相は、どのようにしてできるのだろう。

手相と呼ばれるのは、手の動きによって作られるしわである。

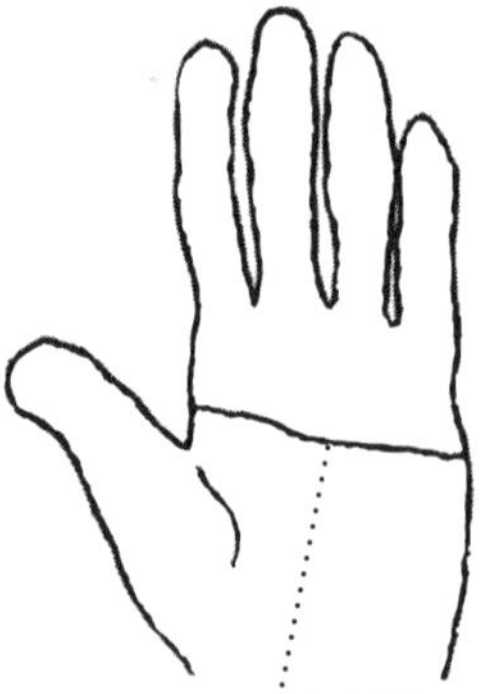

マスカケ線

たとえば、親指を動かすと生命線と呼ばれるしわが深くなる。おそらく生命線は親指の動きによって作られるしわなのだ。

人差し指を動かすと、頭脳線と呼ばれるしわが深くなる。中指を動かしてみても、やはり頭脳線と呼ばれるしわが深くなる。

試しに人差し指と中指の二本の指を同時に動かすと、思ったとおり、頭脳線のしわがより明確になる。

おそらく、頭脳線は、人差し指と中指の動きで作られるしわなのだ。

それでは、薬指と小指はどうだろう。

薬指と小指の二本を同時に動かすと、感情線と呼ばれるしわが深くなる。

感情線は、薬指と小指の動きによって作られるしわなのだ。

指は複雑な動きで、手のひらにしわを作り出す。

それが私たちの手のひらに刻まれた手相だ。

ふだんは当たり前のように動かしているが、よくよく見ると、五本の指の動きというのは、本当に不思議だ。

中でも、親指は複雑な動きをする。

指は英語で「フィンガー」という。
しかし実際には、フィンガーと呼ばれるのは、人差し指と中指、薬指、小指の四本の指である。
親指は、フィンガーに含まれないのだ。

実際には、五本の指をまとめて呼ぶときには、親指も含めてフィンガーと呼ぶ。
しかし、他の指は単独でもフィンガーだが、親指だけを単独でフィンガーと呼ぶことはない。
親指だけは、特別なのである。

それでは、親指は何というのだろう。

親指は英語では、「サム」という。

もちろん英語でも、五本の指にはすべて名前がついていて、人差し指は「ポイントフィンガー」、中指は「ミドルフィンガー」、薬指は「リングフィンガー」、小指は「リトルフィンガー」という。

しかし、親指はフィンガーではない。サムはサムなのだ。

確かに親指は、他の四本の指とは違う。

何しろ親指は、太くて短い。

しかも、他の四本の指は関節が三つあるのに対して、親指は関節が二つしかない。

しかも親指は単独で動く。

人差し指や中指は動かそうとすると、他の指も動いてしまう。

しかし、親指だけは他の四本の指が微動だにしなくても、自在に動かすことができる。

やっぱり、親指だけ特別なのだ。

この親指が自在に動くことによって、人の手は何でも自由に握ったり、つかんだりすることができる。

試しに、親指を使わずに四本の指だけで何かをつかもうとしてみると、別人のように急に不器用な動きになってしまう。

人間の指はサルとは違う。

人間の指は親指と親指以外の四本の指が向かい合った位置にあって、別々に動くことができる。

一方、サルの多くは、指が五本とも同じ方向を向いている。

チンパンジーはどうだろう。

チンパンジーは、人間とDNAの約99パーセントが共通していると言われるほど、人間と近縁の種である。

チンパンジーの親指は、人間と同じような位置にある。しかし、チンパンジーは親指以外の四本の指が長く、親指が短いため、人間のように、親指と人差し指を使って物をつかむことができない。チンパンジーが小さな物をつまむときは、人差し指と中指を使って物をはさむ。そのため、器用な動きはできないのだ。

試しに私たちも親指を使わずに小さな物をつまもうとすると、人差し指と中指を使うしかない。チンパンジーの動きとまったく同じである。

チンパンジーと人間を比較するとき、チンパンジーから人間が進化したと言われることもあるが、それは正確ではない。チンパンジーはチンパンジーで進化を遂げている。

人類の起源は、アフリカ大陸にあると言われている。

マントル対流によってアフリカ大陸の下で上昇したマントルは、アフリカ大陸を大きく突き上げ隆起させた。こうしてできたのが、アフリカ大陸を縦に走る大地溝帯である。

大地溝帯は、アフリカ大陸を縦断して東と西に分断してしまった。大地溝帯の西側はそれまでどおりの森林が残ったが、分断された東側は雨が降らなくなってしまった。そして、森林は乾燥した草原へと姿を変えていったのである。

森林が減少し、食べ物も住処もなくなっていく。

そんな状況で、残された森林で適応する道を選んだものがいた。こうして森林で進化を遂げたのが、チンパンジーである。

一方、森林という環境をあきらめて、草原という新たな環境に進出したものがいた。これが人類の祖先である。

古い昔には、チンパンジーと人間とに共通する祖先種が存在していた。その祖

先種から、森の中での生活に適応して進化をしたのがチンパンジーであり、森を出て、草原での生活に適応して進化をしたのが人類なのである。

チンパンジーは私たちの祖先ではなく、共に進化を遂げた兄弟のような存在なのだ。

人類がどのようにして、自在に動く親指を手に入れたのかは、わからない。

人類の進化の歴史の中で、現在のような親指が見られるようになるのは、およそ二〇〇万年前に現存していたホモ・ハビリスである。

ホモ・ハビリスは、私たちホモ・サピエンスの直系の祖先種であり、猿人であるアウストラロピテクスと、原人であるホモ・エレクトスの中間的な位置にあると考えられている。

ホモ・サピエンスの学名は、ラテン語で、「知恵のある人」を意味するのに対して、ホモ・ハビリスの学名は、ラテン語で「器用な人」という意味である。

じつは、自在に動く親指を手にしたことで、人類の進化には革命的なできごとが起こった。

「石器」という道具を作ることが可能になったのである。

最初に作られた石器は、石を打ち割っただけの、単純なものだったかもしれない。食料のない環境で、人類は、肉食獣の獲物を横取りしたり、食べ残しのおこぼれに預かるような、今でいうハイエナのような暮らしをしていたとも考えられている。

道具があれば、肉を無駄なく、そぎ落として食べることができる。

それだけではない。

道具を使って骨をかち割れば、栄養価の高い骨の中の骨髄を取り出して食べることができる。

こうして、人類は豊富な栄養分を得ることを可能にしたのだ。

じつは、人類はホモ・ハビリスの頃から、脳を大きくするという進化を始めていく。

人類の進化にとって、脳を大きくするという進化は当たり前のことのように思えるかもしれないが、そうではない。

脳というのは、多大な栄養分を必要とする。

現在の私たちの脳は、体重の三パーセントを占めるに過ぎないが、私たちの代謝に必要な栄養の三〇パーセントを消費する。莫大なエネルギーを必要とする器官なのである。

それだけの栄養を使うのであれば、筋肉や骨を発達させて強靱な肉体を持つという戦略もある。

自然界は弱肉強食である。

そう考えれば、強い肉体を持つ方が、生存戦略としては優れているようにも思える。

しかし、人類は強靱な肉体を持つことよりも、小さな脳を大きくすることに貴重な栄養を投資する方を選んだ。

鍵は指にある。

指は第二の脳と呼ばれる。

指の動きは、脳の活動と直結している。

脳神経外科医のワイルダー・ペンフィールドは、「ホムンクルスの図」と呼ばれる図で、脳と体の動きのつながりを図解した。この図では、脳の中には動作を指令する「運動野」と感覚を感じ取る「感覚野」とがあるが、このいずれの領域においても、指の動きは大きな割合を支配している。つまり、指の動きが、運動や感覚と密接につながっていることが示されているのである。

脳と指とは直結している。

小さな子どもは色々なものを触ったり、つかもうとしたりする。そうして指を動かし、指の感覚を使うことによって、脳を発育させていくのである。

あるいは、老化防止のためには、指を動かす運動をしたり、指をマッサージすることが有効とされている。

脳と指とは直結している。

そのため、指を動かしたり刺激したりすることで、脳が活性化されるのである。

指を活発に動かすことによって、人間の脳は発達する。

そして、脳が発達することで、人間の指はますます器用に動くようになっていったのだ。

脳を発達させ、指の運動を活発化させることによって、人間は石器などの道具をさらに発展させていった。

道具が発達してくると、作るのにも複雑な工程を必要とする。発達した脳は、順序よく作業を進める工程を理解し、道具を進歩させていった。

やがて、安定的に肉や骨髄を得ることができるようになり、脳を大きくするのに十分な栄養を得た。

こうして脳を発達させることで、栄養のある食べ物を得る方法を発達させ、栄養を得ることで、ますます脳を発達させるという循環を繰り返しながら、人類は進化を遂げていったのである。

ついに人類の祖先は、発達した脳と、自在に動く親指を手に入れた。
人類の祖先は単に「物を持つ手」ではなく、「物をつかむことのできる手」を手に入れたのだ。

そして、私は今、つかむ手を持っている。

私は親指を動かしてみた。
この親指は、物をつかむために進化したものなのだ。

そうだ、私の手は、自ら何かをつかむためのものなのだ。
(もう落ち込んでいる場合ではない)

私はじっと手を見た……

窓の外で猫が鳴いたような気がした。

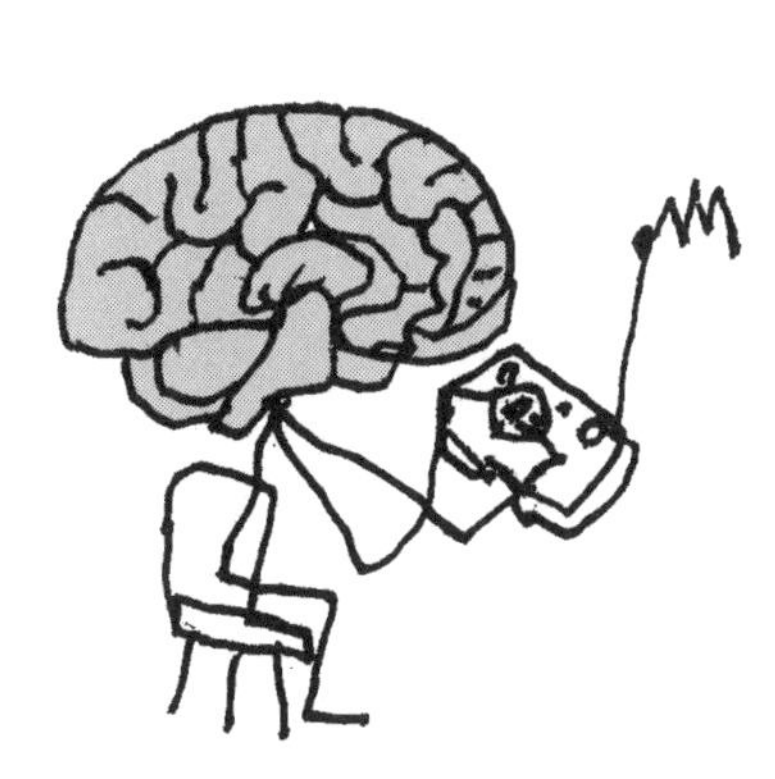

第12話

指毛と戦いの歴史

今日も手を見ていた。

それにしても……不思議なことがある。

指の第二関節と第三関節との間に毛が生えている。いわゆる指毛というやつだ。
どうして、この部分にだけ毛が生えているのだろう。

動物は「けもの」と呼ばれる。これは、毛の生えたものという意味だ。

「けだもの」という言葉も「毛のもの」にゆらいしている。

ちなみに「けだもの」という言葉によく似た「くだもの」は「木のもの」にゆらいしているらしい。つまり、「木になるもの」という意味なのである。

「けもの」と呼ばれるように、動物には毛が生えている。私たち人間の祖先であるサルも、全身に毛が生えている。これに対してサルから進化した人間は、毛が生えていない。人間が「裸のサル」と呼ばれるゆえんだ。

動物の毛は、皮膚を保護したり、体温を保ったりするなど、さまざまな役割がある。それなのに、どうして人間は、大切な毛をなくしてしまったのだろうか。

大半の動物は毛が生えているが、毛のない動物もいる。

たとえば、ゾウやサイはほとんど毛が生えていない。

ゾウやサイは、肉食獣に襲われにくくするために、巨大な体に進化した。

一般的に動物の体は、寒い地域ほど大きくなることが知られている。

たとえば、東南アジアのジャングルにすむマレーグマよりも、日本の本州に暮らすツキノワグマの方が大きい。さらにツキノワグマよりも北海道のヒグマの方が大きい。そして、北極に暮らすホッキョクグマは、さらに巨大な体を持っている。寒い地域では、体が大きい方が、体重あたりの表面積が小さくなり、体温を奪われにくくなるのである。これがベルグマンの法則と呼ばれる現象である。

しかし、ゾウやサイは気温の高い地域を住処としている。そのため、保温効果のある毛をなくして、体温を下げようとしているのである。

人間が毛を失ったはっきりとした理由は、明らかではない。

ただ、人間もまた気温の高い地域で活動するために、毛を失ったのではないかと考えられている。

しかし、私たちはゾウやサイのような大きな体を持たない。あるいは暑い熱帯にも、毛の生えたサルはいくらでもいる。

それなのに、どうして、私たちの祖先は毛を捨ててしまったのだろう。

それには、人類の進化が関係していると考えられている。

人類は、二足歩行をすることで他のサルたちと袂を分かち、人類としての進化の道を進み始めた。

しかし、残念ながら、人類が二足歩行をするようになった理由は、よくわかっていない。

すでに紹介したように、人類は大地が乾燥し、森が減少する中で草原に進出して進化をした。草原では食べ物は少ない。しかも、草原ではいつ肉食獣に襲われるかわからない。そのため、安全なところまで食べ物を「運ぶ」という作業が必要となる。この「運ぶ」という作業に前肢である両手を必要とするために、二足歩行をするようになったのではないかと言われている。

やがて、人類は手を進化させて、自由につかむことができる手を手に入れた。

そして、器用に動く手を使って、石器を作ることができるようになったのである。

食べ物のない草原で、人類は、死んだ動物の肉を食べていたと考えられている。石器があれば、肉をすばやく解体し、無駄なくそぎ取ることができる。そして、石器で骨を割れば、栄養豊富な骨髄を食べることもできる。

こうして、栄養豊富な食べ物が得られるようになった人類は、脳を巨大化させていった。

やがて人類は、その石器を発展させて、狩りをするという方法を身につけた。

それまでの人類は、肉食動物にエサとして狙われる、か弱い存在だった。しかし、石器を得たことで、彼らは動物から身を守ることができるようになり、さらには、その石器を使って、他の動物を獲物にすることさえできるようになったのだ。

石器という道具を手に入れたことによって、人類は狩られる側から、狩る側へと大転換を遂げたのだ。

人類は、他の動物のように速く走ることができない。

獲物を狩ろうとすれば、長時間、獲物を待ち伏せたり、追い続けたりしなければならない。

しかも、人間の巨大化した脳は熱に弱い。炎天下にいれば、すぐに大切な脳がやられてしまう。

そこで、効率よく体温を下げるために、人類は毛を失うという進化をした。そして、毛を失うことで、人類は気温の高い中で行動ができるようになったのである。

野生動物の多くは、人間よりもずっと速く走ることができる。しかし、動物が走ることのできる時間はごく短時間である。一方、人間はマラソンでは二〜三時間以上も走り続けることができる。

じつは、そんなに持続的に運動し続けることができるのは、人間の特異的な性質なのだ。

そして、獲物が疲れて動けなくなるまで追い続ける。これが、スピードに劣る人類の狩りの方法である。

そんなことができるのも、人類が毛をなくしたから、なのである。

こうして人類は毛をなくしたが、私たちの体は完全な裸ではなく、毛の生えている部分もある。

たとえば、頭を守るために、頭髪が生えている。

また、大切な目を守るために、眉毛やまつ毛がある。

皮膚が薄い脇の下には、血管を守るために脇毛が生えているし、子孫を残すために必要な陰部にも毛が生えている。

人間は毛をなくしたが、大切な部分を守る毛は、ちゃんと残しているのだ。

それでは、ヒゲはどうだろう。

人間にヒゲが生える理由も、明らかではない。

人間の毛というのは、謎だらけなのだ。

不思議なことに、ヒゲは主に大人の男の人にだけ生える。

かの進化学者のダーウィンは、男性のヒゲは、女性を魅了するための機能があったのではないかと推察した。クジャクのオスが美しい羽をメスに見せびらかすように、役に立たないと思われるものも、それによってメスにもてて子孫を増やす機会が増えれば、その性質を受け継いだ子孫が増えていくことになる。

もっともクジャクの場合は、役に立たない美しい羽を見せることによって、無用なものを持っていても生き抜いているという生存力のアピールになっているらしい。

人間のヒゲも、女性へのアピールだったのだろうか。

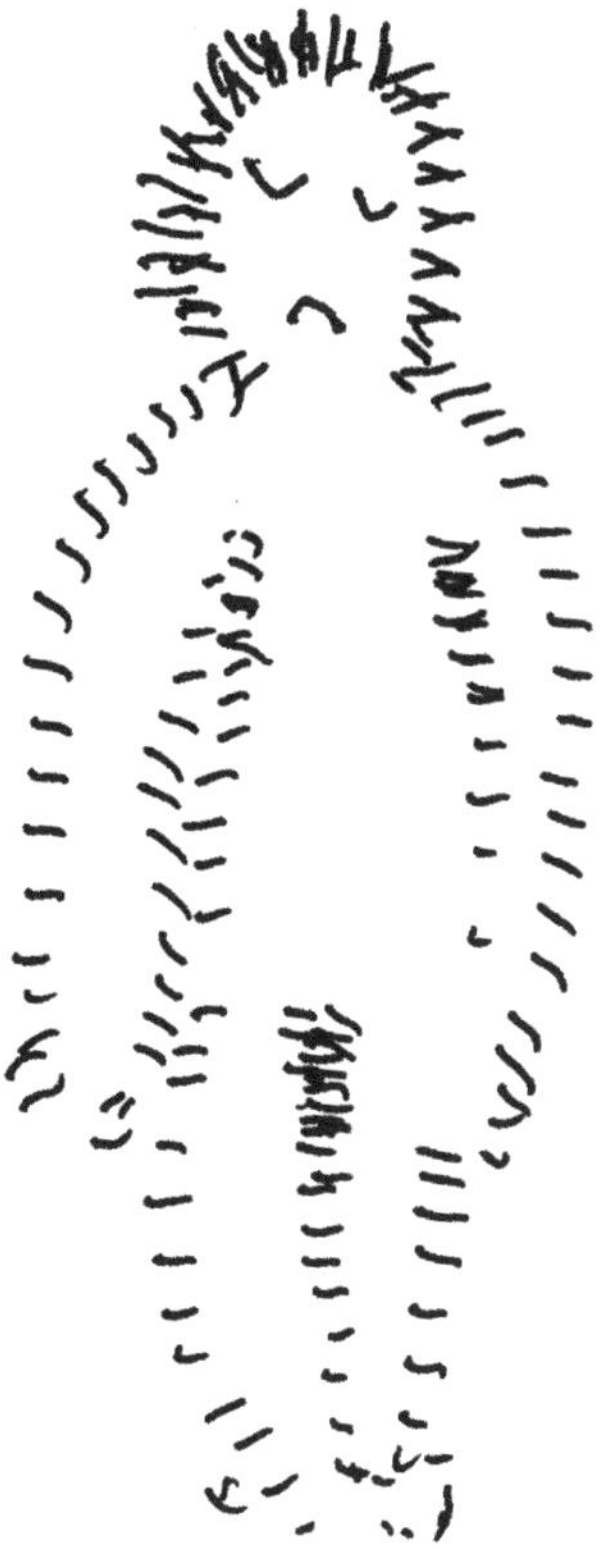

ただ最近の研究では、男の人たちが殴り合って戦うときに、アゴを守るために残ったのではないかという説もある。

たとえば、ライオンのオスは立派なたてがみを持っているが、あのたてがみは、オスどうしが戦うときに、首を噛まれるのを防ぐ役割があるらしい。

本当だろうか。

指の一部に毛が生えている理由も、明らかではない。

しかし、握りこぶしを作ると、毛が生えているところはパンチの前面に来る。

もしヒゲがパンチからアゴを守るためのものだとすると、指毛はこぶしを守るためのものかもしれない。

もっとも、かつてヒゲは男らしさの象徴だったが、最近ではヒゲの濃い男子は流行らないようだ。

世の男たちは、競い合って脱毛をしている。

ダーウィンは、ヒゲの濃い男性が女性に選ばれることによって、男性のヒゲは進化をしたと考えた。

だとすると、これからはどうだろう。

この説が本当だとすれば、もしかすると、ヒゲのない男性が進化を遂げていくのかもしれない。

もはや、男たちが殴り合って戦う時代ではない。

それどころか、男たちは、競い合って脱毛をしている。

しかし……そんな時代にあっても、指の毛はなくならない。

人は平和を愛する生き物である。

人は助け合い、支え合って生きている。

それなのに、人は対立し、争う。

歴史を顧みれば、「人類の歴史は戦いの歴史であった」と言っても過言ではない。

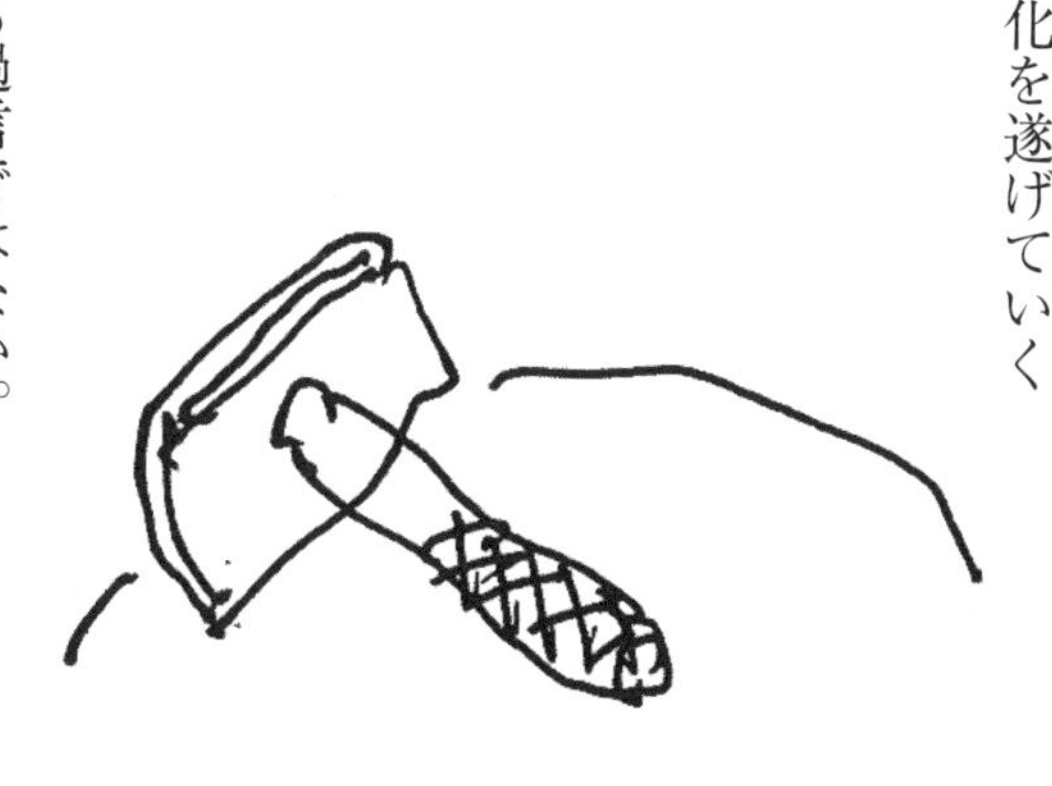

悠久の昔から、人類は常に対立し、戦いを繰り返してきた。

そして今も……悲しいことに、世界のどこかで紛争が行われている。

しかも、かつて自らのこぶしで戦っていた人類は、やがて石器という道具を武器に変えた。そして、次々と武器を発展させて殺し合いを続けてきたのだ。

平和を愛しながらも、人類は未だに戦いをやめることができない。

もしかすると、このかすかに残った指毛は、人類の進化に残された課題なのかもしれない。

私はじっと手を見た……

窓の外で猫が鳴いたような気がした。

第13話

手に汗にぎる

緊張したのだろうか、気がつくと手にびっしょりと汗をかいていた。

人は緊張すると、手のひらに汗をかく。

どうして人は、手のひらに汗をかくのだろう。

これは大昔、サルだったときに、敵からあわてて逃げるときに、枝をつかむ手足が滑らないように滑り止めにする役割があったと考えられている。

手だけではない。

私たちは緊張すると汗をかく。

私は汗っかきなので、緊張していないつもりでも、汗をかいてしまう。

汗はやっかいな存在だ。


もちろん、暑いときにも汗が出る。


汗は体温を下げるためにかくと言われているが、汗が噴き出てくるとそれだけで暑さを感じてしまう。

男性であれば、夏の暑い日はシャツが汗で濡れてしまうし、女性であればせっかくの化粧が汗で流れてしまう。

まったく汗は困ったものである。


しかし、人類がこんなにも汗をかくようになったのは、人類の進化の歴史で遠い昔の話ではない。

私たち人類の祖先が樹上生活をやめて、地上生活をするようになった、ずっと後のことなのだ。

人類がいつから二足歩行をするようになったのかは明らかではないが、明らかに二足歩行をしていたのは、アルディピテクス・ラミダスという猿人である。

このアルディピテクス・ラミダスが生息していたのは、およそ四四〇万年前のことである。

一方、「汗をかく」という能力を持っていたのは、ホモ・エレクトスという原人である。ホモ・エレクトスが生息していたのは、およそ一八〇万年前のことである。つまり、人類の祖先が二足歩行をしてから、二六〇万年も経った後のことなのだ。

ホモ・エレクトスは、毛を失った原人である。

人類は、体温を下げるために毛をなくした。

汗もまた体温を下げる役割がある。汗が蒸発するときに気化熱によって熱を奪うのである。しかし、毛があると汗が蒸発をするのを邪魔するため、汗で体温を下げるためには、体毛がない方が良い。

体毛を失ったのが先なのか、汗をかくようになったのが先なのかはわからないが、体毛を失ったのと同じ頃、より体温を下げるために、人類は汗をかくようになったのである。


汗は、毛がないことで、より蒸発しやすくなり、体温を下げる。

こうして人類は毛をなくし、汗をかくことによって、気温の高い日中の長時間の行動が可能になったのである。


暑いときに、汗をかくことは、当たり前のことのようにも思えるが、実際にはそうではない。

哺乳類の仲間は、汗をかくための汗腺を持っている。

しかし、イヌはほとんど汗をかかない。そのため、舌を出してハァハァと外気を取り入れることで体温を下げているのである。あるいはゾウなどは長い鼻で自分の体に水をかけて体温を下げている。百獣の王のライオンも、昼間は動かずに木陰で休んでいる。汗をかいて体温を下げることができないからである。


それでは、哺乳類は何のために汗腺を持っているのだろう。

哺乳類が持つ汗腺の多くは、アポクリン腺と呼ばれるものである。

アポクリン腺は、皮膚からフェロモンなどの匂い物質を分泌するための機能がある。こうして匂いを出すことによって、哺乳類は、縄張りを主張したり、異性を呼び寄せたりするのである。

一方、汗腺には、アポクリン腺の他にエクリン腺というものがある。

このエクリン腺が、水分である汗を出す。

このエクリン腺は、イヌやネコの仲間では足の裏に発達している。

私たちの祖先が、汗を滑り止めに使ったように、イヌやネコも汗を滑り止めとして利用しているのだろう。

しかし、エクリン腺が全身に発達しているのは、人間くらいである。哺乳類の多くはエクリン腺が発達していない。人間に近い類人猿は、エクリン腺を持つが、人間ほどではない。

汗をたくさんかくというのは、人間だけが特別に進化させた能力だ。

このエクリン腺の劇的な発達は、人間が毛を失ったときと同じ頃に起こったと考えられている。

しかし、現代の私たちは暑くなくても、緊張して汗をかくことがある。

汗が出るのは、自律神経の働きによるものである。

よく知られているように、自律神経には交感神経と副交感神経とがある。

このうち交感神経は、活動的なときに働き、副交感神経は休息時に働くという特徴がある。

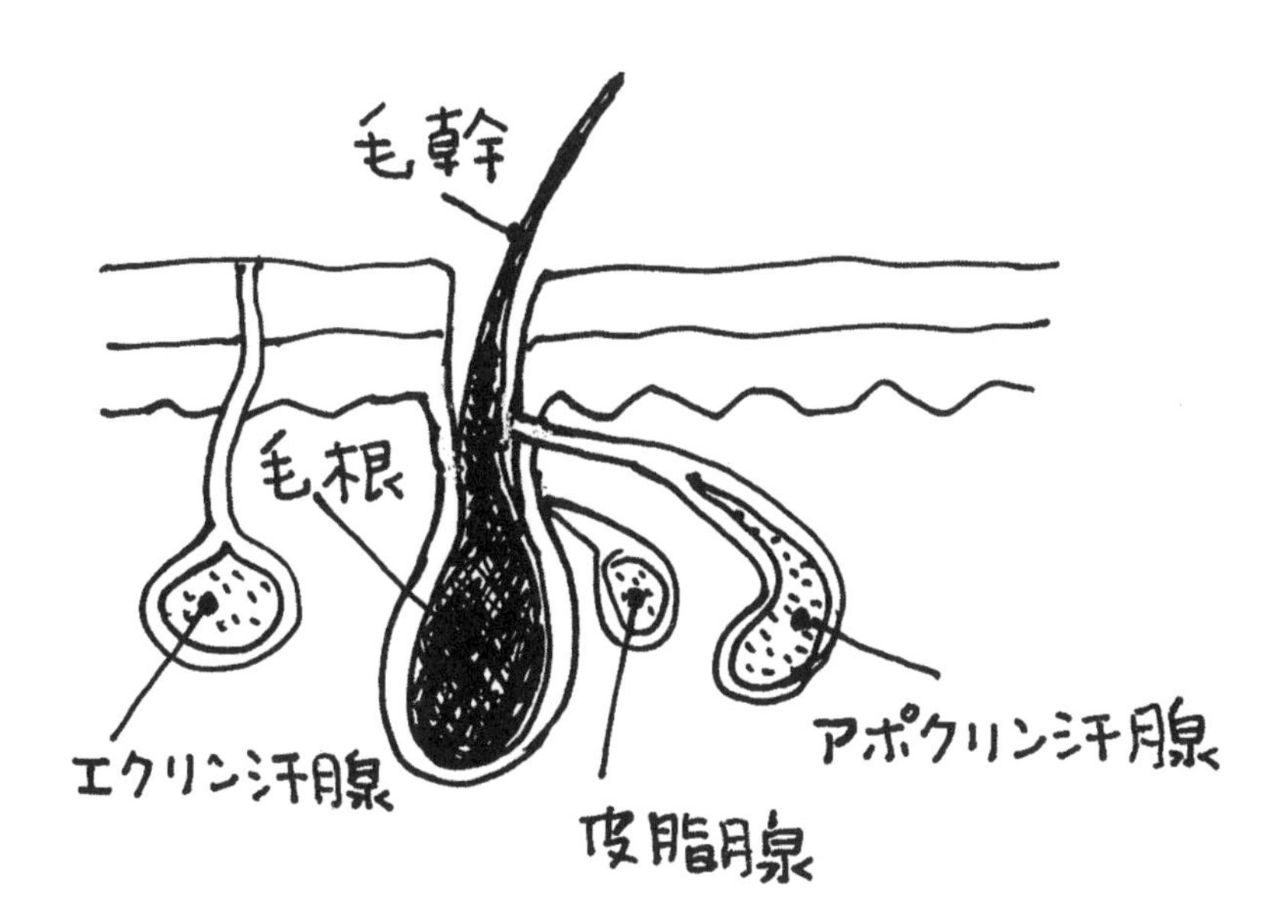
毛幹
毛根
アポクリン汗腺
エクリン汗腺
皮脂腺

交感神経というアクセルと、副交感神経というブレーキ。

この二つのしくみを巧みに使って、人間の体は自らをコントロールしている。

人間の体というものは、本当によくできているものだ。


たとえば、交感神経が強く働くと、血圧が上がる。血流の流れを良くして、体が力を入れたり、走ったりするための準備をしているのである。そして、状況を見極め、敵の動きを捉えるために目の瞳孔は拡大する。

そして、汗をかくのだ。


交感神経は、人間の体をいわば戦闘モードにする働きがある。

戦闘モードでは、体が動く。体温の上昇を抑えるために、あらかじめ汗をかくことで体温を下げるのだ。

緊張をして、手に汗をかくということは、戦う準備ができているということなのだ。

どんなに落ち込んでいても、私たちの体は汗をかく。
どんなにやる気を失っても、私たちの体は汗をかく。
(私たちの体は、いつでも走り出す準備をしているのだ)

私はじっと手を見た……

窓の外で猫が鳴いたような気がした。

第14話

私と世界との間

つまらない話を聞かされているとき、私は机に手を置いて、突っ伏して寝てしまいそうになるのをじっとこらえる。

今、私は会議に参加しながら、机の上に手を置いている。

目を閉じてみても、そこに机があることはわかる。なぜなら、手の感覚がそこに机があることを捉えているからだ。

手はさまざまな感覚を捉えている。

たとえば、机を触っていると冷たく感じるのは、手の肌に温度を感じるセンサーがあるからだ。肌には冷覚と温覚という温度を感じる二つの感覚があることが知られている。

肌が持つ感覚は「触覚」、「圧覚」、「痛覚」、「冷覚」、「温覚」だ。

机の上に手を置くと、皮膚の下にある「触覚」のセンサーが、肌が何かに触れたことを感じ、手を強く押せば「圧覚」のセンサーが、肌が押されていることを感じる。そして、机の質感や冷たさを感じ、手が机の上にあることを認識するのである。

この感覚によって、どこに机があり、どこに手があるかがわかる。

そして、私は机と自分の肌との境目を認識するのである。

もし肌のすべての感覚がなくなれば、どこに机があるのかわからなくなる。

どこに机があるのかわからないということは、どこに自分の手があるのかも、わからなくなるということだ。
そして、どこまでが机で、どこからが自分なのかが、わからなくなってしまうのである。

私たちが紙に円を描くと、円の外側と内側に分かれる。
私たちが紙に人の形を描くと、人の形の外側と内側に分かれる。
この輪郭の部分が、人間の肌だ。
そして、肌は、この内側と外側の違いを、さまざまなセンサーで認識している。
肌は私たちがどこからどこまでかという範囲を示して、外界と区切っている。

今、私は机の上に手を置いている。
しかし……と、ふと私は不思議な感覚に襲われた。

本当にそこに机はあるのだろうか？

私がそこに机があると考えているのは、私の手の触覚が感じ取った感覚を脳に伝えているからだ。

脳が信号を感じ取らなければ、私は机を認識することができない。

いや、待てよ。

ということは、信号さえあれば、私の脳はそこに机があると認識するということになる。

そんなこと、あるのだろうか？

たとえば「幻肢痛」と呼ばれる現象がある。

事故などで手足を切断した人が、失ってしまったはずの手足にかゆみを感じたり、痛みを感じたりするというのだ。

失った手足がそこにあるような感覚さえ、あるのだという。

手足があるという感覚は、手足から送られてくる信号を脳が認識することによって、初めて得られる。

しかし、脳は錯覚する。

たとえば、左の図の白色と白色の線が交わるところには、何もない。しかし、白色と白色の交差部分に灰色の点が見える。私たちの脳は、交差部分に勝手に灰色を作り出してしまうのだ。

私たちの脳は、感覚器官から脳に入ってくる情報が不足すると、足りない情報を補おうとする。そして、足りない情報を予測することによって、脳の中に完全な情報を作り出すのだ。

そのため、脳が予測をまちがえれば、脳の中には誤った世界が作り出される。

そして、見えないものが見えてしまったりするのだ。

たとえば、次ページの図では、私たちの脳は足りない情報を補うあまり、実際には存在しない黒い三角形を作り出してしまう。

これが目の錯覚、「錯視」と呼ばれる現象である。

同じように、手足が切断されて手足を

失っても、脳は不足する情報を補おうとする。そして、ないはずの手足の感覚を脳の中に作り出してしまうのである。

私たちの肌に、「かゆみ」を感じる感覚器官はない。

「かゆみ」を感じるのは、痛みを感じる痛覚である。痛覚が極めて微妙な痛みである「かゆみ」を感じ取ろうとするのだ。

しかし、その信号は脳にとっては弱すぎるのだろうか。どこがかゆいのかわからなくて、かゆくもないところを掻いてしまうことがある。「かゆみ」の情報を誤認識して、まったく違うところがかゆいと脳が認識してしまうのだ。

本当にかゆいところは、そのままなので、

何とももどかしい気分にさせられる。

私たちは脳が作り出した世界に生きている。

映画「マトリックス」で、主人公は、この世界は、コンピューターで作り出された仮想現実であることを知る。

じつは映画の中で、現実の世界は、コンピューターに支配されていて、人間たちは、培養槽のようなカプセルの中に閉じ込められている。そして、コンピューターから脳に送られてくる信号によって、人間の脳はすべての感覚を感じ、脳の中に世界を創り出し、コンピューターに与えられた仮想社会で仕事をし、恋をして、生きているのだ。

そして主人公は、コンピューターが作り出した仮想世界の中で幸せに暮らすか、コンピューターの作り出した夢から覚めるかの選択を迫られるのである。

荒唐無稽なSF映画の中の話とバカにすることはできない。

コンピューターは、宇宙の果てから果てまでの世界を仮想で作り出すことが可能である。
そして、失った手足の存在を感じるように、そして、現実にはない黒い三角形が見えるように、信号さえ送られれば、私たちの脳は現実にない世界を簡単に作り出すことができるのである。

英国オックスフォード大学のニック・ボストロム教授が、「この世の中は技術的にとても進んだ文明によって創られた豊かなシミュレーションソフトウェアである」という仮説を検証した結果、その確率は二〇〜五〇パーセントであったという。

私たちが住むこの世界は、いや、この宇宙は、シミュレーションソフトの中に存在する仮想現実なのかもしれないのである。

そんなことがあるのだろうか？

残念ながら、たとえ私たちが仮想現実の中に生きていたとしても、仮想現実の世界の中にいる私たちに、それを完全に否定することはできない。

私がさわっている机は、本当に現実に存在するものなのだろうか？

私たちが生きている世界は、本当に存在しているのだろうか？

私は手をぎゅっと握りしめてみた。

この手は実在するのだろうか。それとも……

私はじっと手を見た……

窓の外で猫が鳴いたような気がした。

第15話

あなたという名の生態系

孤独を感じたとき、私は手を見つめる。

人混みの中にいても、孤独を感じることがある。
しかし、私たちはけっして孤独ではない。

たとえば、こんな経験はないだろうか。
部屋の中にたった一人でいるのに、何かがうごめく気配がすることがある。
もしかすると、それは、あなたと共に生きている目に見えない小さな生命体の

存在なのかもしれない。

あるいは、森の中に入ると、何か生命の息吹きのようなものを感じることがある。深い森の中には、生命があふれている。そのたくさんの生命の営みが、私たちに生命の息吹きのようなものを感じさせるのだろうか。そして、あたかも森全体が一つの生命体であるようにさえ感じさせるのである。

じつは、私たちもまた、森のような生命の集まった存在である。

私たちの肌の上には、たくさんの菌がうごめいている。

菌だからといって、毛嫌いしてはいけない。

私たちは、この小さな生命体の存在なしには、生きていくことができないのである。

私たちの肌の上には、「皮膚常在菌」と呼ばれる無数の菌が暮らしている。

菌といっても、皮膚常在菌は、菌類よりもずっと小さな細菌である。もしかすると、細菌というより、バクテリアという方がわかりやすいだろうか。

菌類と呼ばれるものは、カビの仲間の微生物である。これに対して、細菌は、一般的に菌類よりもずっと小さい。よく知られているものでは、乳酸菌や納豆菌が細菌の仲間だ。

もちろん、どんな菌でも皮膚常在菌として、肌の上で暮らしているわけではない。特定の種類が人間の皮膚の上を住処としているのだ。

皮膚に暮らす皮膚常在菌は、増殖して皮膚を覆う。そして、他の菌が自分たちの生息環境を侵すのを防ぐのである。こうした皮膚常在菌の働きによって、雑菌が皮膚に付着したり、病原菌が皮膚表面から体内に侵入するのが防がれているのである。皮膚常在菌は、私たちの皮膚を覆う抗菌スーツのような存在なのだ。

私たちの体で共生する細菌は、腸内細菌がよく知られている。

細菌が集まった集合体を「細菌叢」と呼ぶが、皮膚常在菌や腸内細菌をあわせると、私たちの体には、一〇〇〇兆個もの細菌叢が存在するという。

世界の人口が七十八億人だが、これを一〇〇億人と見積もっても、その一万倍もの細菌叢がある。

もっとも、この数は細菌の数ではなく、細菌の集まった集合体の数である。集合体で数えて、それだけの数があるということは、細菌数で数えれば、とてつもない数字になる。


私たちの体を構成する細胞の数は、数十兆個と言われているから、驚くべきことに、私たちの体に暮らす細菌の方が、比べようがないくらい多い。

もはや人間の体は細菌のかたまりでできていると言っても、いいくらいなのだ。


私たちの体の腸の中や肌の上では、毎日、無数の生命が生まれ、生きて死んでいく。私たちの細胞もまた日々、生まれ、生きて死んでいく。

私たちの生命活動は、こうした数え切れないほど無数の生命の営みによって支えられている。まさに私たちの体は、生命の息吹きにあふれた森の生態系のような存在なのである。

私たちの体は、何と気高く崇高な存在なのだろう。

おそらく、私たちの体だけではない。

多くの生き物もまた、たくさんの命が集まった集合体なのだろう。そうして命から成る生命体が集まり、関係し合って、生態系を作っている。

最近では、地球自体を一つの生命体と見なす「ガイア理論」という考え方もある。

かけがえのない地球の上で、たくさんの生命が生まれては死に、生まれては死んで生命が地球という生命体を支えている。

本当に生命というのは不思議な存在である。

そして私もまた、そんな生命体を支える命の一つなのだ。

私はじっと手を見た……

窓の外で猫が鳴いたような気がした。

第16話

コップをつかむ不思議

手でコップを持ってみた。
コップには水が入っている。

水って何だろう。

水はH2O。
水は二つの水素原子と一つの酸素原子からできている。

しかし、不思議だ。

原子の大きさは、およそ一億分の一センチしかない。
小さな小さな存在だ。

どれくらい小さいかというと……
想像してみることにしよう。

たとえば、もし、ピンポン玉が地球くらいに巨大だったとしよう。
それくらい拡大したときに水素原子は、やっとピンポン玉の大きさになる。
水素原子は、それくらい小さいのだ。

この原子は、原子核と電子からできている。
原子核と電子は、原子全体よりもはるかに小さな存在だ。

どれくらい小さいかというと、たとえば、原子を野球場の大きさにたとえたとき、原子核はパチンコ玉の大きさしかない。

電子は、そのパチンコ玉よりもはるかに小さい。

原子とは、広い野球場の真ん中にパチンコ玉を一つだけ置いて、その小さな電子が野球場のまわりを回っているような感じだ。

この小さなパチンコ玉とそのまわりを回る電子が原子のすべてである。

広い野球場の残りのスペースは、空っぽの空間だ。

この水素原子二個と酸素原子一個で水の分子ができている。つまりは、広大な野球場が三つくっついて、そこには小さなパチンコ玉が三つだけある。それが水の分子である。

水の分子は、何もない空っぽの空間なのだ。

この水の分子が集まってコップに入っている水が作られている。コップの中の水は、こんなすき間だらけの存在なのだ。

しかし、不思議だ。

水の入ったガラスのコップは、ケイ素という原子を中心としてできている。水の分子と同じようにケイ素もまた、空っぽの空間でできている。

つまり、ガラスのコップもすき間だらけの存在なのだ。

考えてみると、何だか不思議だ。

すき間だらけのガラスのコップに、すき間だらけの水が入っている。
それなのに、どうして、水はこぼれないのだろうか？

本当に不思議だ。

すべてのものは、こんなすき間だらけの空っぽの存在で作られているのである。
すき間だらけの空っぽの存在が、この世界を作っているのだ。

すべての物質は原子でできている。

しかし、不思議だ。

私たちの手はさまざまな物質でできている。
そのすべての物質は、原子でできている。
すべての原子はすき間だらけの空っぽの存在である。

つまり、私たちの手も、すき間だらけの空っぽなのだ。

それなのに、どうして私の手は、
ガラスのコップを持つことができるのだろう？

すき間だらけの世界なのに、コップの中に水が入っている。コップの原子の間をすり抜けることはない。

原子がすき間だらけなら、私たちの手を構成する原子は、コップを構成する原子の間をすり抜けてしまいそうなのに、私たちの手は水の入ったコップをつかむことができる。

もし、原子と原子の間がすき間だらけならば、私の体を構成する原子は座っている椅子を通り抜け、二階の床を通り抜け、地面の原子を通り抜け、地面の奥深くに沈んでいってしまうことだろう。

しかし、私の家は地面の上に立ち、家の床に椅子が置かれ、その椅子に私は座っている。

原子核と電子の間には、見えない力が働いている。原子核と、原子核のまわりを回る電子は引きつけ合い、原子と隣の原子とは互いに反発し合う。

たった、これだけの力によって、原子と原子はすり抜け合うことなく、境界を保っている。

そして、たったこれだけの力によって私は存在し、椅子の上に座って、水の入ったコップを持っているのだ。

この世界の、何と不思議なことだろう。
私はじっと手を見た……
窓の外で猫が鳴いたような気がした。

第17話

名前のない指

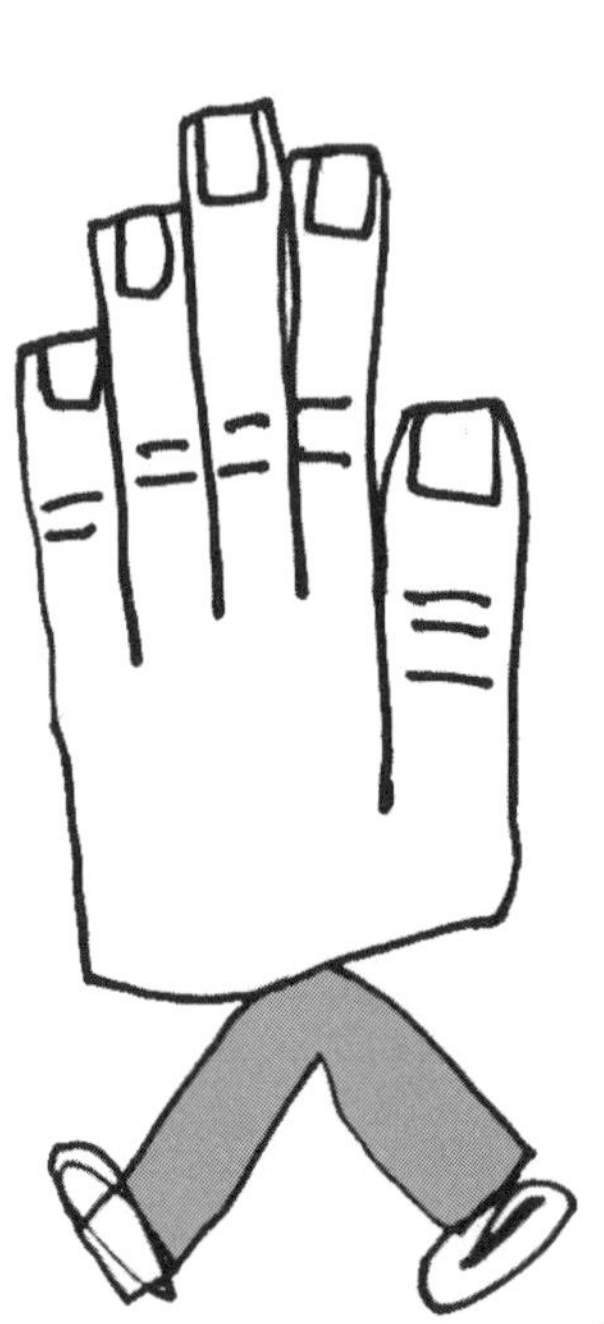

子どもの頃、手遊びをするのが好きだった。
退屈なときは、いつも指を動かして遊んでいた。
あろうことか授業に飽きると、机の上で手遊びをしていたが、今、思えば、先生からは丸見えだったことだろう。

子どもの頃、不思議に思うことがあった。

小指を第一関節から曲げようとすると、自然と薬指も同じように折れ曲がって来る。

薬指が動かないように、ていねいに小指だけ曲げようとしても、やっぱり薬指は小指といっしょに曲がって来る。

親指は親指だけで動かすことができる。人差し指や中指も、それぞれ単独で動かすことができる。それなのに、小指を曲げようとすると、薬指も曲がってしまうのだ。

不思議なことに、薬指だけを曲げることはできる。

無意識に薬指を動かすと、小指もいっしょに曲がってきてしまうが、意識すれば、小指を動かさずに薬指だけを曲げることができるのだ。

ところが、小指を曲げようとしたときだけ、薬指が動いてしまう。

これはどうしてなのだろう。

たとえば、足の指は、どれか一本を動かそうとすると、すべての指が動いてしまう。

ときどき、足の親指を器用に動かす人はいるけれど、残りの四本は自由には動かない。

私たちは指を自在に動かせると思っているが、実際に動かしてみるとそうでもない。

たとえば、指には指先から順番に第一関節、第二関節、第三関節という三つの関節がある。

しかし、指先に近い第一関節だけ動かそうとしても、できない。第一関節を動かそうとすると、第二関節や第三関節まで動いてきてしまうのだ。


たとえば、フォークリフトやトラクターなどの作業車は、ハンドルを回すと前輪と後輪が同時に動くようになっている。前輪と後輪が同時に動くことで、小回りが利くようになっているのである。

前輪と後輪が自在に動いた方が良いようにも思えるが、前輪と後輪をそれぞれ操作して、車両の向きを変えることは意外に難しい。

車のライトをつけると、連動して車内の表示ライトがついたり、カーナビなどの表示はまぶしくなりすぎないように、照明を暗くする。

何でも、自在に動かせれば良いというものではない。同時に動いた方が良いこともある。

人間の体も同じである。

自在に動かすよりも、決まった動きであれば連動させた方が良い。

そのため、第一関節を動かそうとすると、第二関節と第三関節も動くし、小指を曲げようとすると薬指も動いてしまうのだ。

以前、ある子どもが、「指が動くのが不思議だ」と言っていた。

すると別の子どもたちが次々に「指や体が動くのが不思議に思ったことがある」と言い出したのである。

子どもというのは、大人には思いも寄らないものが気になるものだと、そのときは笑っていたが、よくよく見てみると、「自分の指が動く」ということは、じつに不思議なことである。
どうして、こんな不思議なことに気がつかなかったのだろう。
私たち大人は、ふだん忙しすぎて、こんな不思議な存在である手を、じっと見ることはなかったのだ。

私は、指を動かしてみた。

思いどおりに動かないことも不思議だが、思うように指が動くことも不思議だ。

小指といっしょに動いてくるのは、薬指。この薬指は、薬を塗るための指という意味である。
薬師如来の仏像は、左手に薬のツボを持ち、右手の薬指を少し前に出している。傷ついた私たちに薬を塗ろうとしてくれているのである。

薬指は薬を塗るときに便利だ。
薬指に薬がついてしまっても、親指と人差し指と中指の三本の指があれば、さまざまなものをつかんだり、作業をすることができるのである。

動きの鈍い薬指は役に立たないようにも思えるが、古人は不器用な四本目の指に、大切な役割を与えたのである。

西洋では、控え目なこの指は、愛情に通じていると考えて、結婚指輪をこの指にはめるようになったという。

中国では、この指は、「无名指」という。これは名前のない「名無し指」という意味だ。


どうして、薬指は名前のない指なのだろう?

それは、この指がそれだけ大切な指だったことに由来していると言われている。

薬を塗るこの指は、病気を治す力を持った指である。

古来、名前はとても神聖なものであった。

日本の昔話や西洋のおとぎ話では、鬼や悪魔が、「名前を当てたら、助けてやる」

と約束し、名前を言い当てられて消えてしまうというお話がよくある。
名前を呼び、正体を暴くと、その力を失ってしまうのだ。

そのため、偉大な力を持ったこの指は、名前が知られないように「名無し指」とされたのである。
昔の人たちにとって、「名前」とは、それほど大切なものだったのだ。

私にも名前がある。
それは私という存在につけられた、私だけの名前である。

私にとって名前とは何なのだろう。
きっと、それは大切で、神聖なものであるに違いない。

私はじっと手を見た……

窓の外で猫が鳴いたような気がした。

第18話

一兆分の一の紋様

久しぶりにゆっくり風呂に入っていると、指先がしわしわになってしまった。

どうして、指先はしわしわになってしまったのだろう。

豆を水に浸しておくと、豆の皮がしわしわになっていく。豆が水を吸って膨らむことで、膨らんだ部分と膨らまなかった部分とで、しわができてしまうのである。

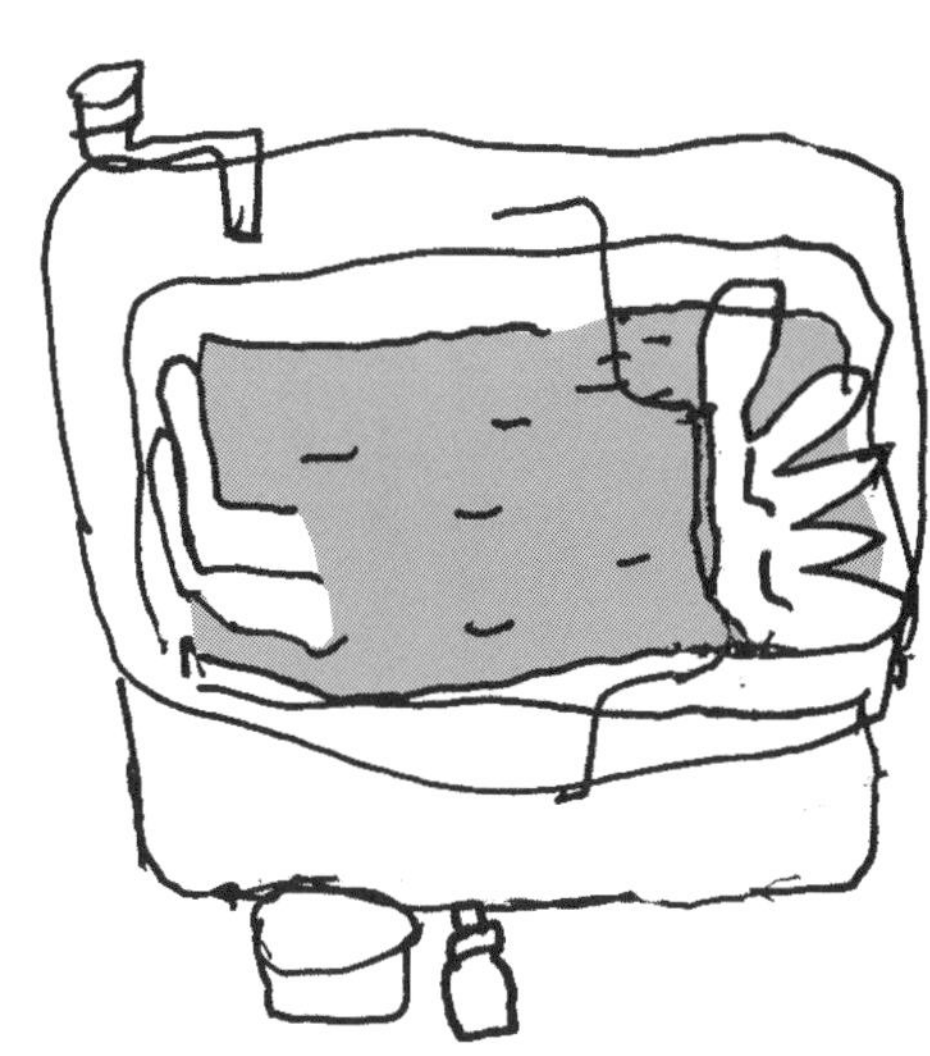

同じように指を水に浸しているのだから、水分を吸ってふやけてしまったような気もするが、そうではない。

じつは、指の神経に損傷を受けてしまった人は、指がしわしわにならない現象が観察されるという。

つまり、指がしわしわになる現象は、自然に起こっているのではなく、神経組織によって引き起こされていたのである。

指先が水分を感じると、指先に通った神経が皮膚の下の血管を縮小させる。そして、皮膚が収縮することによって、皮膚の表面にしわができるのである。

それでは、どうして人間の体は、指先にしわを生じさせるのだろうか。

残念ながら、その理由はよくわかっていない。

しかし、しわを作ることによって、滑り止めの役割をしていたのではないかと考えられている。つまりタイヤの溝のような役割である。

かつて私たちの祖先は樹上生活をしていた。そのときに、雨に濡れた枝をしっかりとつかむためのものだったのかもしれない。

あるいは、私たちの祖先はその後、樹上生活をあきらめて、地上生活をするようになった。そして、二足歩行をするようになり、両手で物をつかむようになった。川の水で濡れた手で物をつかむときに、指先の滑り止めは役に立ったのかもしれない。

乾いているときによく見ても、指の腹には指紋がある。

この指紋も、滑り止めのために進化したものである。

人間だけではなく、サルの仲間にも指紋がある。

また、樹上生活をするコアラにも指紋があることが知られている。

わずかな凹凸に見えるが、きっと滑り止めとして、効果的なのだろう。

ふだん指紋を意識することはないが、よく見ると指紋は複雑な模様をしている。

人間の指紋の模様は、さまざまに分類されているが、大きく渦巻き状の「渦状紋」とひづめのような形をした「蹄状紋」、弓なりになった線の模様である「弓状紋」に分けられる。

どうやら、私の「指紋」は、「渦状紋」のようだ。

まじまじと見てみると、指紋の模様は、なかなか幾何学的で美しい感じもする。

指紋を意識するのは、海外旅行の入国審査のときの指紋認証や、刑事ドラマに出てくる指紋鑑定くらいだろうか。最近では、部屋の入室や、金庫などの生体認証として、指紋を使う技術も利用されているらしい。

指紋が、個人の識別に利用されるのは、指紋が人によってすべて異なり、それぞれの人に固有のものだからである。

世界中の警察の捜査でも用いられる指紋鑑定だが、意外なことに、その技術のきっかけとなったのは、日本である。

明治時代に日本を訪れていたイギリス人のヘンリー・フォールズは、日本人が拇印を押しているのに興味を持ち、指紋の研究を始めたと言われている。

現在も外国人居留地であった築地の一角に、「指紋研究発祥の地」の石碑が置かれている。

それにしても、指紋という単純な模様の違いだけで、本当に個人が特定できるものなのだろうか。

一説によると、指紋鑑定に使う指紋がすべて一致する確率は、一兆分の一だという。世界の人口は七十八億人だから、同じ指紋が存在する可能性は、ほとんどないと言っていいのだろう。

それでは、双子はどうだろう。

特に一卵性の双子は、まったく同じ遺伝子を持っている。そうだとすれば、双子は指紋も同じになるのではないだろうか。

驚くことに、一卵性の双子であっても、指紋は異なるという。どうして、まったく同じ遺伝子を持つはずの双子が、それぞれ固有の指紋を持つのだろう。

じつは指紋は、母親の胎内で受精後一〇～一六週に作られていくという。遺伝的にはまったく同じ双子が、いっしょに母親の胎内にいたとしても、すべてがまったく同じではない。胎内での位置の違いや、血圧、ホルモンレベル、羊水の状態などのわずかな違いが指紋の形成に影響する。そのため、まったく同じ指紋にはならないのである。

世の中に私と同じ指紋を持つ人間がいないように、私とまったく同じ遺伝情報を持っている人はいない。

私とまったく同じ環境を生きてきた人もいない。

世界中の誰ともかぶらないようなオンリーワンの服装をしろと言われても、それはできない。

世界の誰ともかぶらないようなオンリーワンの顔のイラストを描いてみろと言われても、それは難しい。

しかし、私の指紋は、世界中の誰ともかぶらない私だけのものだ。

そして、世界がどれだけ人であふれていたとしても、私という人間は私しかいない。

それだけで、私は十分にかけがえのない人間なのだ。

私はじっと手を見た……

窓の外で猫が鳴いたような気がした。

第19話

ナンバー1になる確率

人差し指を一本立てると、数字の1を意味する。

人差し指を一本立てたポーズが、ナンバー1を意味するときもある。

たとえば、高校野球の地方大会で優勝して甲子園出場を決めたナインたちが、マウンドに集まって、人差し指で天を指している。

「一番」になったことを意味しているのだろうが、指で天を指す姿は、てっぺん

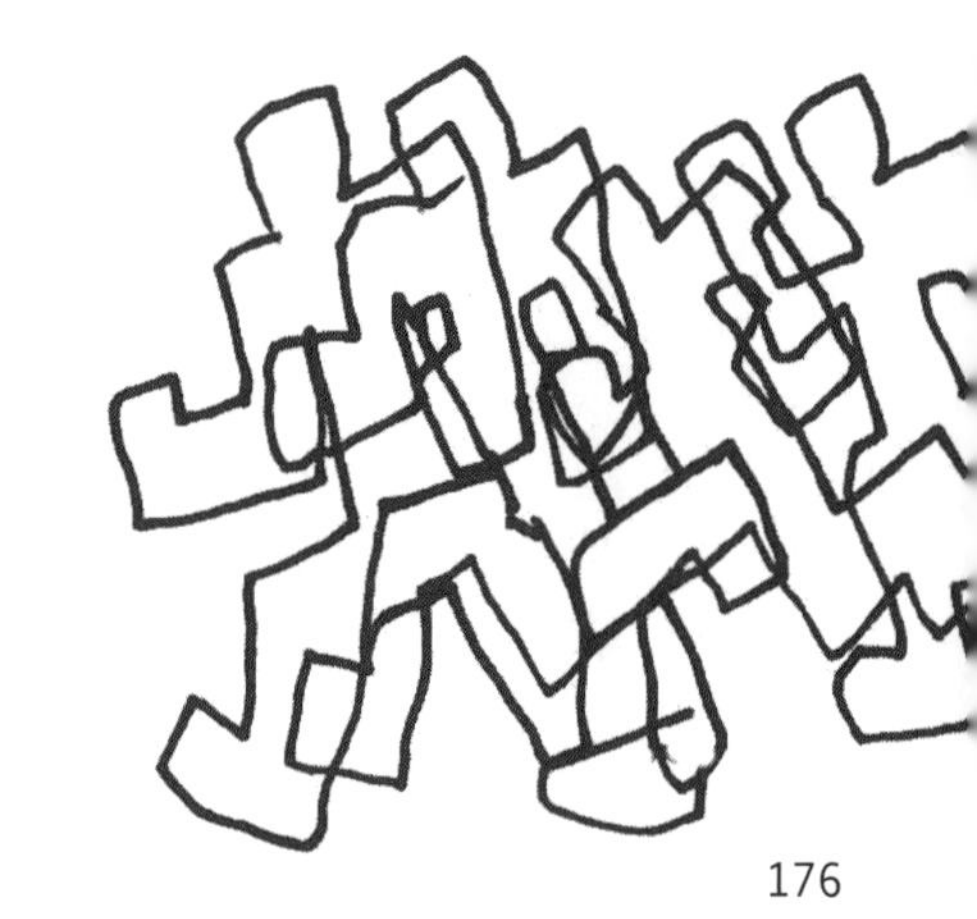

を取ったという雰囲気もよく表している。

甲子園に出場できる確率は、都道府県によっても違うが、数十分の一から二〇〇分の一くらいだろうか。

甲子園に出場できるのは、ごく限られた選ばれた球児たちだけだ。

そして、深紅の大優勝旗を手にできるのは、全国約四〇〇〇校のうちのたった一校だけである。

誰もがナンバー1を目指すが、ナンバー1になるのは、たやすいことではない。

私など、クラスでさえも一番など取ったことがない。

あんな風に、人差し指を立てて勝利を喜んだ記憶もない。

ナンバー1になることよりも、オンリー1になることが大事だ、と言う人もいる。

しかし、オンリー1になることだって、簡単ではない。

私などは、勉強も人並みだし、運動も人並みだ。人より抜きん出た才能も、まるで思いつかない。

どこにでもいて、いくらでも代わりのいる、いたって平凡な人間だ。

それにしても、甲子園に出場するのと、東京大学に合格するのでは、どちらが難しいのだろう。

二〇一九年のデータで、夏の甲子園出場校は四九校。ベンチ入りメンバーは一八人なので、甲子園に出場した人数は、八八二人。高校球児の数は、およそ一四万人だから、六〇〇〇分の一の確率だ。

同じ年の東京大学の合格者数は、約三〇〇〇人。十八歳人口が約一二〇万人だから、確率は二五〇〇分の一。つまり、甲子園に行く方が難しいということになる。

それでは、宝くじの一等に当たる確率は、どれくらいだろう。

一等が当たる確率は、約一〇〇〇万分の一。東京都の人口に対して一人くらいの低い確率だ。

金メダルを取る確率は、どうだろう。

オリンピックの金メダルの数はおよそ三〇〇。団体競技もあるし、一人で複数のメダルを手にする人もいるが、金メダリストと金メダルの数が同じだとして、世界の人口を七十八億人で考えると、金メダルを手にする確率は、およそ四億分の一となる。

日本の総理大臣になる確率はどうだろう。

総理大臣は日本で一人だけ。日本の人口は一億二千万人だから、とりあえず、一億分の一くらいだろうか。もっとも総理大臣は、交代するので、総理大臣になれる確率はもっと高くなる。

金メダリストになるのは、日本で総理大臣になるよりも、ずっと難しいことなのだ。

しかし、よくよく考えてみれば……

こんな平凡な私でも二〜三億分の一くらいの勝者になったことがある。

もちろん、私に記憶はない。

それは、私が生まれるときの物語だ。

一斉にスタートを切ったスイマーたちは、ゴール目指して長い道のりを泳ぎ続ける。しかも、行く手にはさまざまな障害が待ち受ける。その障害を越えた先に、ゴールがあるのだ。

勝者はただ一人。

そこには、銀メダルも銅メダルもない。たった一人の勝者以外は、すべてが敗者である。

勝者になる確率は、二〜三億分の一。

このスイマーは、精子である。

人間の場合、一回の射精で放出される精子は、二～三億個と言われている。これに対して、ゴールで待ち受ける卵子は一個である。

卵子にたどりつく勝者になるのは、二～三億分の一の確率……。

日本の人口が一億二千万人ほどだから、日本人でトップになるよりも、さらに低い確率だ。

しかも、一回の射精で、必ずしも生命が宿るとは限らない。

勝者なき射精も数知れないことだろう。

そう考えると、生命誕生のレースに選ばれる確率は、さらに小さくなる。

精子だけではない。女性の体の中に用意される卵子の元となる原始卵胞の数は思春期の頃に一七〇～一八〇万個。このうち排卵される卵子の数はわずか四〇〇～五〇〇個である。

あなたの元になった精子と、あなたの元になった卵子が、その組み合わせで出会う確率は、限りなく小さい。

もっとも、精子や卵子が違ったとしても、結局は同じ父親と同じ母親からできた子どもである。

精子の一つくらいが違っても、私は変わらず生まれてきそうな気もするが、実際はどうだろう。

もし、違う精子と違う卵子の組み合わせだったとしても、私はこの世に生まれてくるのだろうか？

答えは否だ。

もし、精子や卵子がわずかでも違えば、私は影も形も存在しない。

同じ父親と母親から生まれた兄弟が、まったく姿形が異なるように、もし、精子が違ったり、卵子が違えば、私とはまったく別の誰かがこの世に生まれていることになる。

二卵性の双子でも、精子と卵子が異なれば、まったく違う二人が生まれてくるように、精子と卵子がわずかでも違えば、まったく別の誰かが私の代わりに生まれてくるのだ。

たった一つの精子と、たった一つの卵子の組み合わせでしか、私にはならないのだ。

私が生まれてきたのは、本当に、本当に、低い確率である。
ほんの運命のいたずらとも言うべき、偶然でしかないのだ。

私は何という強運の持ち主なのだろう。

それがどんなに低い確率だったとしても、私は間違いなく、この世に生を受けた。
それだけは確かである。

これ以上に、何か望むことがあるだろうか。

ある計算によると、私たちが生まれてきた確率は「一四〇〇兆分の一」であるという。
もうあまりにすごすぎて、ピンとこない。

それだけではない。
私の父親が生まれてきた確率も一四〇〇兆分の一であり、母親が生まれてきた確率も一四〇〇兆分の一である。
さらには、祖父母がこの世に生まれてきた確率も、それぞれ一四〇〇兆分の一。

もう、どうして私がこの世に存在しているのか、不思議なくらいだ。

私が生まれてきたのは、けっして当たり前ではない。
私が生まれてきたのは、ものすごい幸運だ。
まさに「生きているだけで丸儲け」なのだ。

精子のレースに思いを馳せてみよう。

勝者がいれば敗者がいる。
あなたという一人の勝者の影には、二億を超える敗者がいる。

この世に生まれることが許されなかった敗者たちがいるのだ。

高校野球で負けたチームが勝ったチームに千羽鶴を託していく。
千羽鶴には多くの人の思いが込められている。それを果たせなかったチームが、
「自分たちの思いをかなえてくれ」と相手チームに思いを託すのだ。

試合が進むと、勝者が敗者から受け取る千羽鶴の数は増えていく。
そして、勝ったチームは負けたチームの思いも背負って、闘っていく。

私もまた、多くの敗者の思いを背負ってこの世に生を受けた。

偶然の確率で生まれてきた私は、神に選ばれた存在なのだろうか。
何かを成すために、生まれてきた特別な存在なのだろうか。

そんなことはわからない。

しかし、そんなに気負う必要もないだろう。

この世に生まれてきたとき、私はすでにナンバー1の勝者である。
そして、この世に生まれてきたとき、私はすでにオンリー1の存在なのだ。

高校野球の勝者たちは言う。

「甲子園を楽しんでいきます」
「悔いのないように闘います」

それは、勝者だけに許された言葉である。
そして、それは、敗者たちの果たせなかった夢である。

甲子園で優勝できなくてもいい。
ヘッドスライディングでアウトになってもいい。
ゲームセットで悔し涙を流してもいい。
泣きながら甲子園の土を集めてもいい。

せっかく、甲子園に出場したのだから、
夢の舞台の雰囲気を存分に味わってきて欲しい。
グラウンドで思い出をたくさん作ってきて欲しい。

なぜなら、それは敗者たちが果たせなかった夢だから。

敗者たちには味わうことのできないことだから。

この世に生まれることのできなかった、たくさんの敗者たちの折り鶴を持って、私はこの世に来た。

そんな私がやるべきことは、何だろう。

生まれてきた私がやるべきこと……それは、この世界を楽しむことだ。
せっかく、生まれてきたのだから……

私たちが生きる世界は、敗者たちの見ることのできなかった世界である。
私たちのありふれた毎日は、敗者たちには手の届かない毎日である。

この世界に絶望したり、ありふれた毎日を嫌がったり、それは、折り鶴を託された私がすべきことではない。

生きていれば、つらいと感じることもあれば、悲しいと感じることもある。
しかし、つらいことも悲しいことも、生まれてきたからこそだ。

生まれてきたからこそ、つらいことも、悲しいこともある。
それが、生まれてきた勝者に与えられた「生きる」という経験なのだ。
そして、生まれてきたからこそ、ときにはうれしいことも、楽しいこともある。

それに……と私は思う。

この世の中は、私たちが思っているほど、捨てたものではない。

この世の中は、私たちが思っている以上に美しい。

見上げれば青い空が広がっている。空には白い雲が浮かんでいる。降り注ぐ太陽の光はまばゆい。

耳をすませば鳥のさえずりが聞こえる。風の音が聞こえる。
晴れの日ばかりが続けば良いわけではない。雨の日もあるから、この世は楽しい。暗い夜もあるから、この世は面白い。
日なたばかりでは歩きづらい。甘いばかりよりは、酸味や塩味があるから味わい深い。

そして、そのすべては私がこの世に生まれたから、目にすることができたものだ。

せっかく生まれてきたのだから、
この世界を楽しみたい。
与えられた命が尽きるまで。

……せっかく生まれたのだから、

……この世界を楽しんでほしい。
……与えられた命が尽きるまで。

私はじっと手を見た……

窓の外で猫が鳴いたような気がした。

第20話

じっと手を見る

はたらけど　はたらけど猶（なほ）　わが生活（くらし）楽にならざり　ぢっと手を見る

これは、石川啄木という人の歌だ。

生きていくことはけっして楽なことではない。つらく苦しいときもある。

中には、自ら命を絶とうとする人さえいる。

しかし、自ら死ぬこともまた簡単ではない。


どんなに死にたいと思っても、心臓は鼓動を打ち、血液は巡る。

どんなに死にたいと思ってみても、胃腸は働き、腹は減る。

どんなに、つらく苦しくても、朝には目覚める。

私たちが何もしなくても、私たちは生きている。

私たちが何もしなければ、私たちはそのまま生きていくのだ。


頑張れと、人は言うけれど、頑張っていない人はいない。

自分は頑張っていないと嘆いてみても、心臓は鼓動を打ち、血液は巡る。胃腸は働き、腹は減る。

体の中のあなたの細胞は、もう、すでに頑張っている。

生きている人の中に、頑張っていない人などいない。

生きているというだけで、もう相当に頑張っているのだ。

人類は、脳を発達させながら、先を読む能力を発達させてきた。

狩りをするためには、動物の動きを予測しなければならない。道具を作るためには、道具の完成イメージを持ちながら、作業を進めていく必要がある。

そして、先を読む能力を発達させた人類は、まだ見ぬ将来や、未知の世界を想像する力を高めていった。


想像する力は、人類を飛躍的に繁栄させた。

あの山の向こうには何があるのだろう。

この海の向こうには何があるのだろう。


人類の想像力は、人々に冒険心や挑戦心を育んだ。

そして、アフリカで生まれた人類は、未知の大地へと広がっていったのである。


しかし、人類が手に入れた想像力は、他の生物にはない悩みをももたらした。

人類は、まだ起こってもない未来を想像しては、あれこれと心配し、ありもしないことを想像しては、勝手に思い悩むようになってしまったのである。

そんな生き物は、他にいない。
そんな生き物は、人間だけだ。

他の動物も過去のことは覚えているし、先を予測して行動をすることはある。
しかし、それで悩んでしまうことはない。
過去のことを覚えているのも「今」を生きるためだし、未来のことを予測するのも、「今」をより良いものにするためだ。

過去や未来にとらわれて、クヨクヨすることはない。
そんなことをしている生き物は、人間だけだ。

それだけではない。

人間は、「自らがいつかは死ぬ」、という遠い未来まで想像できるようになってしまった。
すべての生き物は、自分がいつかは死ぬことは知らない。
今、目の前にある命を生きているだけだ。
すべての生き物は「今」を生きている。ただ、それだけのことだ。

それなのに、人間は「今」を生きるという当たり前のことを実現するために、自らを滅する修行をしなければならないとか、悟りを開かなければならないなどと言っている。

人間というのは、本当に奇妙な生き物である。

確かに人間は、今を生きていない。

戻ることのない過去のことを考えてクヨクヨしてみたり、まだ来ていない未来のことを考えて、オロオロしたりしているのだ。

とかく人間は、考えすぎる。

「死んだらどうなるのか?」とか、「何のために生まれてきたのか?」とか、そんなことはどうでもいいことだ。

命があるのだから、その命を生きればいい。

生きて死ぬ、ただそれだけのことである。

ただ、それだけのことなのに、どうして悩み苦しむのか。

人間はすぐに勝ったただの負けただの言うが、要は、与えられた命を楽しんだものが勝ちだ。

そういえば昔、ふさぎこんで悩んでいる若者に、同じ話をしてやったことがある。

そういえば、何という名前だったかなぁ……

あ行、から始まったような気がする。
確か、いしかわ……何とかいう名前だったような気もするが、何だったろう。
もう、すっかり忘れてしまった。
まぁ、どうでもいいか。

過去のことも、未来のことも深く考えない。
我々、ネコの脳みそなんて、その程度ということなのだ。

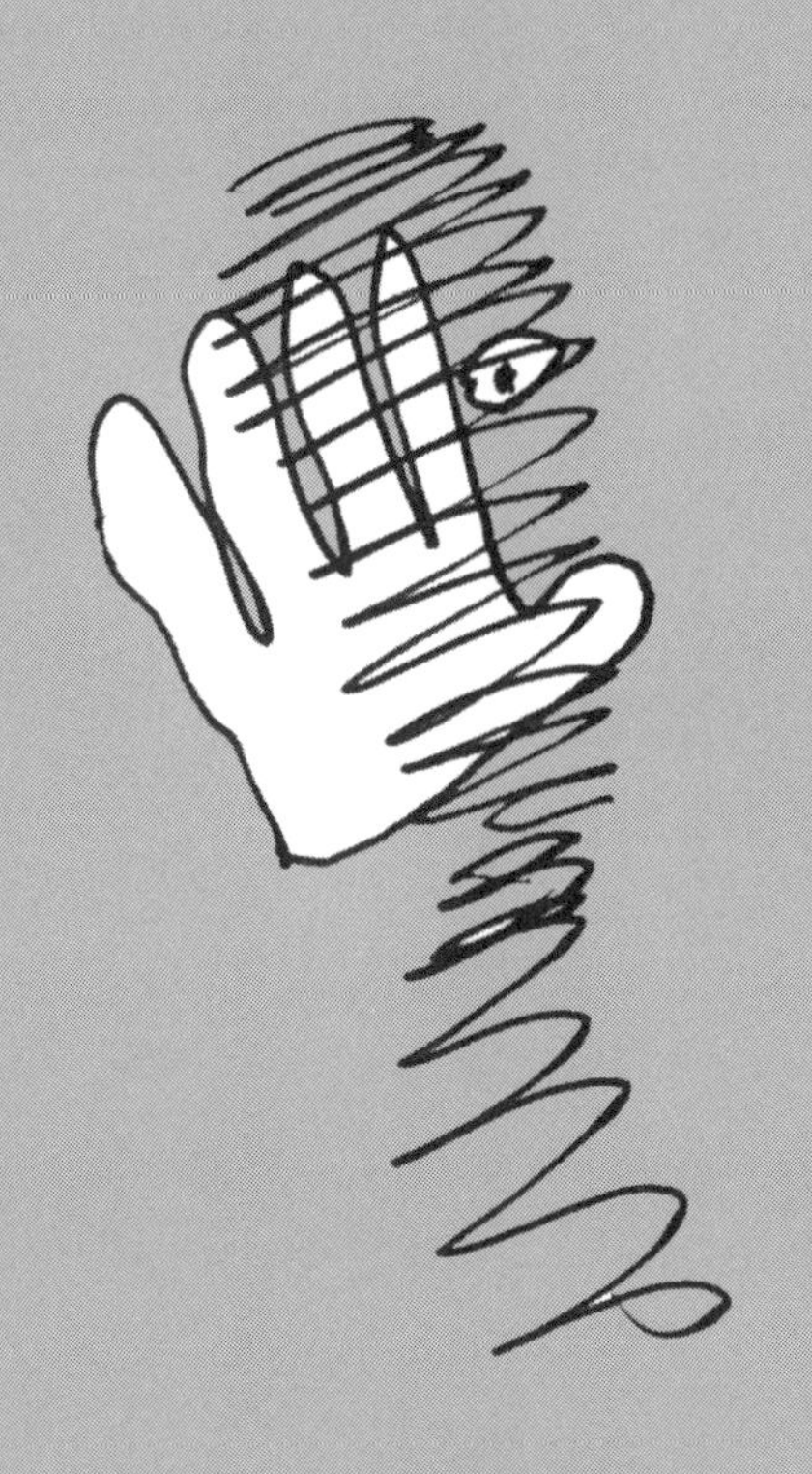

稲垣栄洋

いながき・ひでひろ

静岡大学農学部教授。1968年静岡市生まれ。岡山大学大学院。農学博士。農林水産省、静岡県職を経て、現職。著書は150冊以上。海外での出版も30冊を超える。主著に『生き物の死にざま』(草思社)、『雑草は踏まれても諦めない』(中央公論新社)、『なぜ仏像はハスの花の上に座っているのか』(幻冬舎)、『はずれ者が進化をつくる』(筑摩書房)、『弱者の戦略』(新潮選書)などがある。

手を眺めると、
生命の不思議が見えてくる

2021年12月20日　第1版発行

著　者　稲垣栄洋
発行者　河地尚之
発行所　一般社団法人 家の光協会
〒162-8448
東京都新宿区市谷船河原町11
電話　03-3266-9029(販売)
03-3266-9028(編集)
振替　00150-1-4724
印　刷　中央精版印刷株式会社
製　本　中央精版印刷株式会社

ISBN978-4-259-54777-6 C0095